全国中等职业学校电工类专业一体化教材
全国技工院校电工类专业一体化教材（中级技能层级）

电工电子基本技能

（第二版）

人力资源社会保障部教材办公室　组织编写

中国劳动社会保障出版社

简　介

本书为全国中等职业学校电工类专业一体化教材/全国技工院校电工类专业一体化教材（中级技能层级），主要内容包括安全用电、电工基本操作技能、电子基本操作技能、钳工基本技能。

本书由鲁劲柏任主编，刘涛、蒋莉莉任副主编，何薇、翟桂敏、向光峰、张杨钖、王旭参加编写；闫毅平审稿。

图书在版编目(CIP)数据

电工电子基本技能/人力资源社会保障部教材办公室组织编写. --2版. --北京：中国劳动社会保障出版社，2022

全国中等职业学校电工类专业一体化教材　全国技工院校电工类专业一体化教材. 中级技能层级

ISBN 978-7-5167-5518-1

Ⅰ.①电…　Ⅱ.①人…　Ⅲ.①电工技术-中等专业学校-教材②电子技术-中等专业学校-教材　Ⅳ.①TM②TN

中国版本图书馆CIP数据核字(2022)第199977号

中国劳动社会保障出版社出版发行

（北京市惠新东街1号　邮政编码：100029）

*

北京谊兴印刷有限公司印刷装订　新华书店经销

787毫米×1092毫米　16开本　13.75印张　315千字

2022年12月第2版　2022年12月第1次印刷

定价：28.00元

营销中心电话：400-606-6496

出版社网址：http://www.class.com.cn

http://jg.class.com.cn

前　言

为了更好地适应全国技工院校电工类专业的教学要求，全面提升教学质量，适应技工院校教学改革的发展现状，人力资源社会保障部教材办公室组织有关学校的一线教师和行业、企业专家，在充分调研企业生产和学校教学情况、广泛听取教师使用反馈意见的基础上，吸收和借鉴各地技工院校教学改革的成功经验，对2010年出版的中级技能层级一体化模式教材进行了修订（新编）。

本次教材修订（新编）工作的重点主要体现在以下几个方面。

完善教材体系

从电工类专业教学实际需求出发，按照一体化的教学理念构建教材体系。本次除对现有教材进行修订，出版《电工基础（第二版）》《电子技术基础（第二版）》《电工电子基本技能（第二版）》《电机变压器设备安装与维护（第二版）》《电气控制线路安装与检修（第二版）——基本控制线路分册》《电气控制线路安装与检修（第二版）——机床控制线路分册》《PLC 基础与实训（第二版）》七种教材外，还针对产业应用和行业技术发展，开发了《PLC 基础与实训（西门子 S7-1200）》《光电照明系统安装与测试》等教材。

创新教材形式

教材配套开发了学生用书。教材讲授各门课程的主要知识和技能，内容准确、针对性强，并通过课题的设置和栏目的设计，突出教学的互动性，启发学生自主学习。学生用书除包含课后习题外，还针对教学过程设计了相应的课堂活动内容，注重学生综合素质培养、知识面拓展和能力强化，成为贯穿学生整个学习过程的学习指导材料。

本次修订（新编）过程中，还充分吸收借鉴一体化课程教学改革的理念和成果，在部分教材中，按照“资讯、计划、决策、实施、检查、评价”六个步骤进行教学设计，在相应的学生用书中通过引导问题和课堂活动设计进行体现，贯彻以学生为中心、以能力为本位的教学理念，引导学生自主学习。

提升教学服务

教材中大量使用图片、实物照片和表格等形式将知识点生动地展示出来，达到提高学生的学习兴趣、提升教学效果的目的。为方便教师教学和学生学习，针对重点、难点内容制作了动画、微视频等多媒体资源，使用移动设备扫描即可在线观看、阅读；依据主教材内容制作电子课件，为教师教学提供帮助；针对学生用书中的习题，通过技工教育网（http://jg.class.com.cn）提供参考答案，为教师指导学生练习提供方便。

致谢

本次教材的修订（新编）工作得到了江苏、山东、河南、广西等省（自治区）人力资源社会保障厅及有关学校的大力支持，在此我们表示诚挚的谢意。

人力资源社会保障部教材办公室

2022 年 11 月

目 录

课题一 安全用电 …… **1**

任务 1 识读安全标志及安全技术规范 …… 1

任务 2 触电急救 …… 10

任务 3 接地装置的安装与维修 …… 17

课题二 电工基本操作技能 …… **29**

任务 1 导线的处理 …… 29

任务 2 万用表的使用 …… 52

任务 3 单控灯照明电路的安装、调试与检修 …… 69

任务 4 双控灯照明电路的安装、调试与检修 …… 85

任务 5 综合照明电路的安装、调试与检修 …… 99

课题三 电子基本操作技能 …… **117**

任务 1 简单非门电路的安装 …… 117

任务 2 滤波电路的安装 …… 132

任务 3 单相桥式整流电路的安装 …… 144

任务 4 简单放大电路的安装 …… 150

课题四 钳工基本技能 …… **158**

任务 1 划 线 …… 158

任务 2 錾 削 …… 165

任务 3 锯 削 …… 174

任务 4 锉 削 …… 181

任务 5 孔加工及螺纹加工 …… 191

任务 6 錾口锤的制作 …… 203

课题一 安全用电

任务1 识读安全标志及安全技术规范

学习目标

1. 掌握安全标志的基本概念，能正确识别常用的安全标志，树立安全用电的意识。
2. 熟悉电气设备安全技术规范的基本内容。

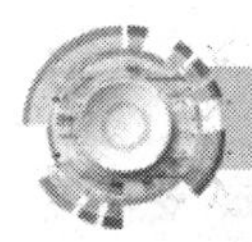

工作任务

为了防止电气意外事故的发生，对于电工在完成各项作业的不同阶段有明确的安全技术规范要求。同时根据不同的情况，需要在电气设备上悬挂各类不同颜色及不同图形的安全标志，提醒人们对不安全因素的重视及注意。

本任务要求学生正确识别常用的安全标志，掌握电气设备安全技术规范。完成任务需要准备的实训资料见表1-1-1。

表 1-1-1　实训资料

项目	内容
实训资料	常见的安全标志图片、安全事故相关的视频等

相关知识

一、安全标志

安全标志是用来传达特定的安全信息的标志，国家标准《电气安全标志》（GB/T 29481—2013）规定，安全标志由图形符号、安全色、几何形状（外框）或文字等构成，常见的电气安全标志按用途分为四类：禁止标志、警告标志、指令标志和提示标志。此外还有辅助标志，用来对这四类标志进行补充说明。

安全色是用于传递安全信息含义的颜色，国家标准《安全色》（GB 2893—2008）规定红、蓝、黄、绿四种颜色为安全色，见表 1-1-2。

表 1-1-2　常见安全色的种类

安全色	示例	颜色含义
红色		红色表示禁止、停止、危险或提示消防设备、设施，常用于禁止标志、停止信号，同时也表示防火
蓝色		蓝色表示必须遵守规定的指令，常用于指令标志，如必须佩戴个人防护用具
黄色		黄色表示注意、警告，如危险的机械、警戒线、当心触电等
绿色	紧急出口　紧急出口	绿色表示安全的提示信息，如安全通道、消防设备和其他安全防护设备的位置

对比色与安全色同时使用，用以突出安全色，使安全色更加醒目。安全标志中安全色与对比色的搭配规定见表 1-1-3。

表 1-1-3　安全标志中安全色与对比色的搭配规定

安全色	红色	蓝色	黄色	绿色
对比色	白色	白色	黑色	白色

二、电气设备安全技术规范

为了提高生产工作和日常生活中的电气安全水平，最大程度降低电气安全风险，《国家电气设备安全技术规范》（GB 19517—2009）中对电气设备的设计、制造、销售和使用有明确的安全技术要求，具体如下。

1. 电气设备的设计、制造必须充分考虑电气安全因素，在规定的使用期限内应保证安全，不应发生危险。

2. 必须采用绝缘防护技术、直接接触保护技术、间接接触保护技术等手段，对电气设备在遇到电击危险时提供足够的防护。

3. 应采取适当的措施，确保电气设备的机械稳定性，避免机械性危险的发生。

4. 电气设备的电气连接和机械连接必须采用必要的防护措施，确保连接安全、可靠，在工作允许的范围内，能承受电、热、机械等应力。

5. 应根据实际情况采用专门的技术手段，防止电气设备在运行过程中产生噪声、振动、过热、碎屑飞溅以及有害粉尘、蒸汽和气体等。

6. 电气设备的电源必须能有效地通、断或控制，必须具备必要的安全防护功能。

7. 电气设备必须有完整的标志，设备的基本特性、接线、符号标准等必须明示。标志必须采用中文，并清晰、持久地标记在产品上。若标志不能标记在产品上，应在包装箱上标记或在使用说明书中说明。

任务实施

一、识别安全标志

1. 判别安全标志的类型并说明其表达的信息

根据安全标志的安全色、几何形状判别安全标志的类型，并说明其表达的信息，见表 1-1-4。

表 1-1-4　常见安全标志的种类

标志	标志示例	标志说明
禁止标志		禁止标志是禁止人们不安全行为的图形标志，如禁止用水灭火、禁止合闸等。禁止标志的几何形状是带斜杠的圆环，圆环与斜杠采用红色，背景用白色，图形符号用黑色

续表

标志	标志示例	标志说明
警告标志		警告标志是提醒人们对周围环境引起注意，以避免可能发生危险的图形标志，如注意安全、当心触电等。警告标志的几何形状是等边三角形，黄色背景、黑边，中间图形符号用黑色
指令标志		指令标志是强制人们必须做出某种动作或采用防范措施的图形标志，如必须戴口罩、必须戴手套等。指令标志的几何形状是圆形，背景用蓝色，图形符号及文字用白色
提示标志	紧急出口 紧急出口	提示标志是向人们提供某种信息（如标明安全设施或场所等）的图形标志。提示标志的基本形状为长方形，白色箭头、白字或者黑字。背景为红色时是消防设备的提示标志；背景为绿色时一般为安全通道、紧急出口等的提示标志
辅助标志		辅助标志是用文字对以上标志进行补充或说明的标志。辅助标志的背景色采用白色或安全标志的颜色，符号或文字采用相应的对比色，衬边采用白色，边框采用黑色

2. 识别安全标志的内容

根据安全标志的图形符号，识别安全标志的含义。电气安全标志中，常见的安全标志的图形符号及含义见表 1-1-5。

表 1-1-5　常见的安全标志的图形符号及含义

分类	图形符号	含义	图形符号	含义
禁止标志		禁止合闸，线路有人工作		禁止启动
		禁止烟火		禁止攀登

续表

分类	图形符号	含义	图形符号	含义
禁止标志		禁止用水灭火		禁止靠近
警告标志		注意安全		当心触电
		当心电离辐射		当心电缆
		当心火灾		当心自动启动
指令标志		必须接地		必须拔出插头
		必须戴安全帽		必须戴防护手套
		必须穿防护鞋		必须穿防护服
提示标志	EXIT 出口	出口	3N～	带中性线的三相交流电
	Ⅲ	Ⅲ类设备		适合带电作业
		过电压保护装置	在此工作	在此工作

二、了解电气设备安全技术规范

在维修或安装电气设备、电路时，必须严格遵守各项安全操作规程和规定，违反安全操作规程和规定，会造成人身事故和设备事故，不仅对国家和企业造成经济损失，还直接关系到个人的生命安全。

1. 安装前的安全准备工作（表 1-1-6）

表 1-1-6　安装前的安全准备工作

规范要求	图示
操作前必须按规定穿戴好安全帽、工作服、绝缘鞋（靴）	
操作前要清扫工作场地和工作台面，防止灰尘、线头等杂物落入电气设备内造成故障	 清扫
操作前必须检查工具、仪器仪表和防护用具是否完好，检查绝缘部分有无老化、龟裂、破损等，若有问题应立即更换	

2. 安装过程中的电气设备安全技术规范（表 1-1-7）

表 1-1-7　安装过程中的电气设备安全技术规范

规范要求	图示
工作中，应保持工具、防护用具、用电设备等绝缘部分干燥，严禁用湿手扳开关、在电线上挂衣服等违规行为	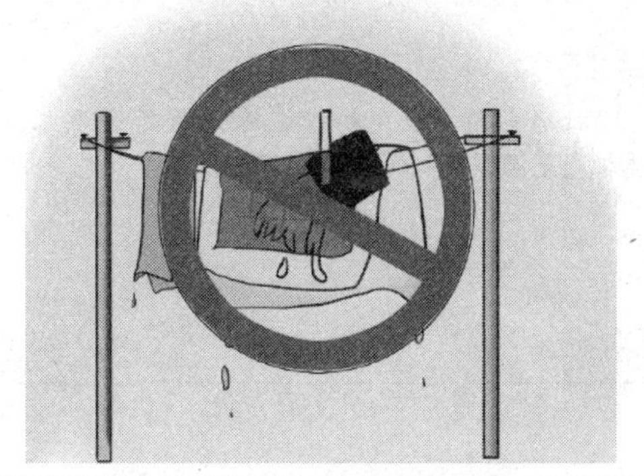
严禁在工作场地，特别是易燃、易爆物品的生产场所吸烟及明火作业，以防止发生火灾	
工作场所中有带电物体，应保证有可靠的安全距离	
在烘干电动机和变压器绕组时，严禁在烘房或烘箱周围存放易燃、易爆物品，严禁在烘箱附近使用易燃溶剂清洗零件或喷刷油漆	

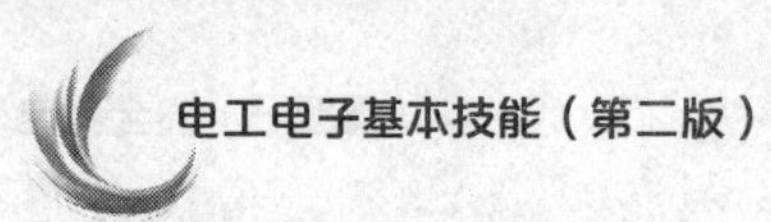

续表

规范要求	图示
电动机通电前，应先检查绝缘是否符合要求，金属机壳是否接地	
电气设备发生火灾时，应立即切断电源，再用干式灭火器灭火，严禁用水、泡沫灭火器灭火	

3. 调试过程中的电气设备安全技术规范（表 1-1-8）

表 1-1-8　调试过程中的电气设备安全技术规范

规范要求	图示
调试时，如遇电气设备故障，应先切断电源，并用验电笔（低压验电器）测试电气设备是否带电。在确定电气设备不带电后，才能对其进行检查和修理。检修过程中，应在电源开关处挂上“有人工作，禁止合闸！”的标示牌	

续表

规范要求	图示
调试过程中，如需拆除电气设备，对可能带电的线头应用绝缘胶布包好，线头必须有短路接地保护措施	
电气设备跳闸时，不得强行合闸，应查明原因，排除故障后再合闸；不得用铜丝、铝丝等金属丝代替熔丝	

4. 安装结束后的电气设备安全技术规范（表 1–1–9）

表 1–1–9　安装结束后的电气设备安全技术规范

规范要求	图示
清理好工作现场，擦净仪器及工具上的油污和灰尘，工具应摆放整齐并放至规定的位置或归还至工具室	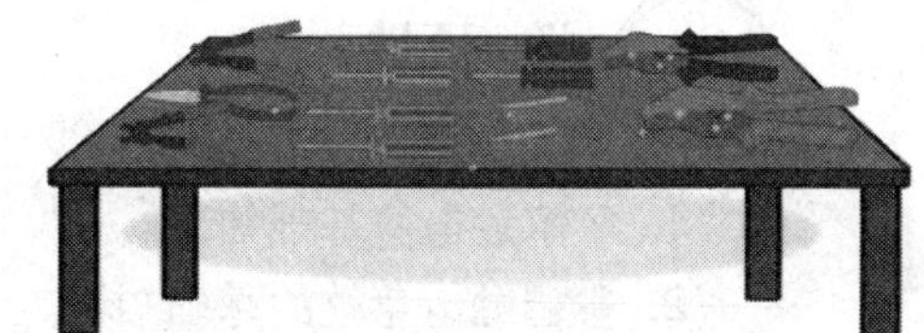

续表

规范要求	图示
结束工作后，断开电源总开关，防止电气设备因长时间通电发热而造成火灾事故	
做好调试电气设备后的工作记录，积累修理经验	

任务 2　触电急救

学习目标

1. 了解触电的基础知识。
2. 掌握触电急救的基础知识。
3. 掌握常用的触电急救技能。

工作任务

在工业生产和日常生活中，常会因为意外发生触电事故。如果发生触电事故，应立即采用正确的方法进行触电急救。

本任务要求学生正确地进行触电急救，掌握常用的触电急救技能。完成任务需要准备的实训器材见表 1-2-1。

表 1-2-1　实训器材

项目	内容
触电急救	触电急救训练用橡胶人

相关知识

一、触电基础知识

触电是指当电流流过人体时对人体产生的生理和病理伤害。

1. 电流对人体的伤害

电流对人体的伤害是多方面的，最主要的两种类型是电击和电伤。电击是电流通过人体内部，对人体内脏及神经系统造成破坏；电伤是电流通过人体外部造成的局部伤害，如电弧烧伤、熔化的金属渗入皮肤等。触电过程中，电击和电伤往往会同时作用于触电者。

电流是危害人体的直接因素，通过人体的工频交流电流达到 10 mA 时，会使人感到麻痹或剧痛，难以摆脱电源，达到 30 mA 以上且持续时间超过 1 s 时，就可能危及人的生命。电流在人体内持续的时间越长，人体电阻减小越多，电流越大，对人体造成的伤害越大。

工业生产现场常见的电流有直流和交流，交流又分为高频和工频。与直流电流、高频交流电流相比，50 Hz 的工频交流电流对人体的伤害更大。

2. 常见的触电形式

触电的主要形式有单相触电、两相触电和跨步电压触电，见表 1-2-2。

表 1-2-2　触电的主要形式

触电形式	图示	说明
单相触电	L1 L2 L3 N	人体触及一相带电导线或漏电的电气设备金属外壳，人体承受的是电源的相电压（在低压供电系统中为 220 V）

续表

触电形式	图示	说明
两相触电	L1 L2 L3 N	人体同时触及两相带电导线，人体承受的是电源的线电压（在低压供电系统中为 380 V）
跨步电压触电		在高压电网接地点或防雷接地点及高压相线断落或绝缘损坏处，有电流流入地下时，在接地点周围土壤中产生电压降。当人走进这一区域时，前后脚之间形成跨步电压，其大小取决于线路电压及人距电流入地点的远近

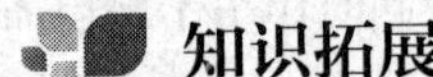

知识拓展

安全电压

加在人体上一定时间内不致造成伤害的电压称为安全电压。通常规定交流 36 V 以下及直流 48 V 以下的电压为安全电压，要求在有触电危险的场合全部使用安全电压。

我国安全电压额定值的等级为 42 V、36 V、24 V、12 V 和 6 V，应根据作业场所、操作条件、使用方式、供电方式、线路状况等因素选用。

安全电压仅是为了一旦有人触电，能将通过人体的电流限制在较小范围，并不意味着人体可长时间接触这样的电压，如果长时间接触，仍然是危险的。

二、触电急救基础知识

当发生触电事故后，触电者往往会失去知觉或假死，能否救治成功的关键在于使触电者脱离电源并及时采取正确的急救措施。

1. 使触电者脱离电源的方法

使触电者脱离电源的方法见表 1-2-3。

表 1-2-3　使触电者脱离电源的方法

触电类型	处理方法	图示	实施内容
低压触电	拉		附近有电源开关或插座时，应根据就近的原则迅速拉下电源开关或拔掉电源插头
	切		若一时找不到断开电源的开关，应迅速用绝缘完好的钢丝钳或断线钳剪断电线，以断开电源
	挑		对于由电线绝缘损坏造成的触电，急救人员可用绝缘工具、干燥的木棒等将电线挑开
高压触电	拉闸		发现有人在高压设备上触电时，救护者应戴上绝缘手套、穿上绝缘靴后拉开电闸

操作提示

使触电者脱离电源的过程中切不可直接接触触电者的身体，以防救护者触电。如必须接触触电者的身体，救护者应使自身处于绝缘的位置，然后使用绝缘工具或穿戴绝缘护具接触触电者。

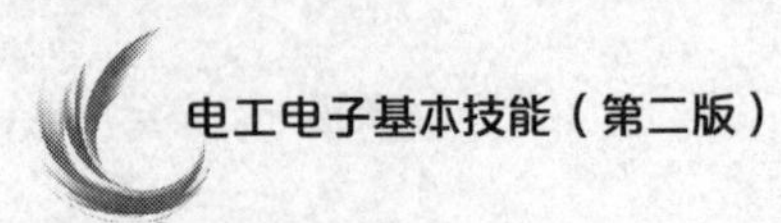

2. 简单诊断

将脱离电源的触电者迅速移至通风、干燥处，松开其衣裤，使其仰卧，并检查其呼吸、心跳情况，观察瞳孔是否放大，如图 1-2-1 所示。

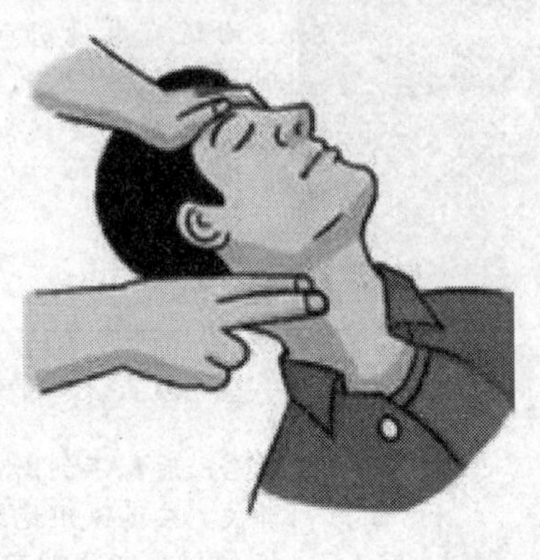

a）

b）

图 1-2-1　触电简单诊断

a）摸颈动脉有无脉搏　b）观察瞳孔是否放大

3. 采用正确的急救方法施救

通过简单的诊断后，根据触电者的情况采用正确的急救方法进行触电急救，见表 1-2-4。

表 1-2-4　触电急救方法的选择

触电者情况	急救方法
有心跳，无呼吸	口对口人工呼吸法
无心跳，有呼吸	胸外心脏按压法
无心跳，无呼吸	心肺复苏法

任务实施

掌握必要的触电急救方法，在触电事故发生时能通过及时有效的急救，挽救他人的生命。本任务通过触电急救训练，掌握常用的三种触电急救方法。

一、口对口人工呼吸法急救

若发现触电者呼吸停止，但有心跳，这时应立即采取口对口人工呼吸法进行抢救。口对口人工呼吸法的实施步骤见表 1-2-5。

表 1-2-5　口对口人工呼吸法的实施步骤

步骤	图示	实施内容
1		一只手放在触电者前额，用手掌将额头用力向后推，另一只手的食指与中指放在颏骨下方，向上抬起下颏（对颈部损伤者不适用），两手协同将头部推向后仰，使其气道畅通
2		使触电者身体仰卧，松开其衣领和裤带，使其头偏向一侧，清除触电者口腔中的异物
3		在保持触电者气道畅通的同时，救护人员用放在触电者额上的手捏住触电者鼻翼，救护人员平静吸气后，与触电者口对口紧合，在不漏气的情况下，先连续以正常呼吸气量吹气 2 次，每次吹气时间 1 s 以上
4		除开始大口吹气两次外，正常口对口人工呼吸的吹气量无须过大，但要使触电者的胸部膨胀，每 6～8 s 吹气一次（对触电儿童每 3～5 s 吹气一次），每吹完一次气，放松捏着鼻子的手，让气体从触电者肺部排出，如此反复进行，到触电者苏醒为止

操作提示

（1）若触电者上、下牙咬紧，嘴不能张开，无法进行口对口人工呼吸，救护人员可用口对触电者鼻孔吹气的方法进行抢救。

（2）口对口人工呼吸抢救过程中，若触电者胸部有起伏，说明人工呼吸有效，抢救方法正确；若胸部无起伏，说明气道不够畅通，有梗阻或吹气不足（注意吹气量不宜过大，以胸廓有上抬为宜），抢救方法不正确等。

（3）抢救过程要持续进行，不能随意中断抢救。

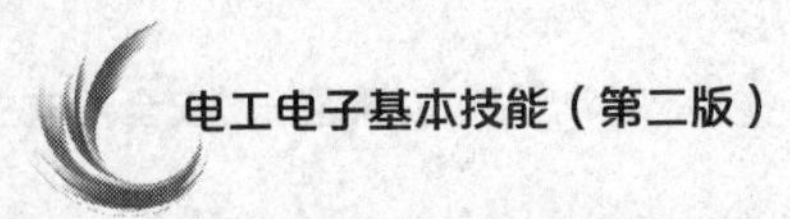

二、胸外心脏按压法急救

若发现触电者心跳停止，但呼吸尚存，这时应采取胸外心脏按压法进行抢救。胸外心脏按压法的实施步骤见表 1-2-6。

表 1-2-6　胸外心脏按压法的实施步骤

步骤	图示	实施内容
1	胸骨柄 胸骨体 正确按压位置 剑突	将触电者仰卧在平硬的地方，救护人员站立或跪在触电者一侧胸旁，救护人员的两肩位于触电者胸骨正上方，两臂伸直，肘关节固定伸直，两手掌根相重叠，手指翘起，将手的掌根部置于触电者心脏按压位置上
2	上 落 用上身发力 手臂伸直 支点 压陷 5~6 cm 双手互扣	以髋关节为支点，利用上身的重力，垂直将正常成人胸骨压陷 5 ~ 6 cm；以足够的速率（每分钟 100~120 次为宜，每次按压和放松的时间相等）和幅度进行按压，保证每次按压后胸廓充分回弹，尽可能减少按压中断并避免过度按压

操作提示

（1）两手掌不能交叉放置，按压位置一定要准确。

（2）不能做冲击式按压，放松时应尽量放松，但手掌根部不要离开按压部位，以免下次按压时位置错误。

（3）按压深度：成人 5~6 cm，婴幼儿为胸廓前后径的 1/3。

（4）要防止按压速度不由自主加快，影响抢救效果。

（5）抢救过程要持续进行，不能随意中断抢救。

三、心肺复苏法急救

触电者丧失意识，心跳和呼吸全都停止，这时应立即采用人工心肺复苏法进行抢救（最好在 4 min 以内进行）。

1. 单人心肺复苏法

当只有一个救护人员给触电者进行心肺复苏时，口对口人工呼吸和胸外心脏按压应交替进行，先吹气两次，再按压心脏 30 次，且速度都应快些。

2. 双人心肺复苏法

当有两个救护人员给触电者进行心肺复苏时，两个人应位于触电者两侧对称位置，以便于互相交换抢救。此时，一个人做胸外心脏按压，另一个人做人工呼吸，按照 30∶2（婴幼儿按照 15∶2）交替进行。

操作提示

（1）在进行抢救前，要使触电者气道畅通，先口对口吹气两次，避免部分触电者因呼吸道不畅通产生窒息，以至心跳减慢。气道畅通后，触电者会因气流冲击而逐渐恢复呼吸和心跳。同时心脏按压法也必须在触电者肺内有新鲜空气的情况下进行，所以先口对口给触电者吹气两次。

（2）抢救过程中，要时刻关注触电者的身体状况，一般每隔 5 min 左右检查一次触电者的呼吸与心跳情况，检查时间不超过 7 s。

（3）抢救过程要持续进行，不能随意中断抢救。

任务 3　接地装置的安装与维修

学习目标

1. 了解常见的接地类型。
2. 熟悉接地装置的构成、作用及安装形式，能正确安装接地装置。
3. 了解接地电阻的要求。
4. 掌握接地电阻测量仪的构成和操作方法，能正确使用接地电阻测量仪测量接地电阻。
5. 掌握接地装置的维护与故障排除方法，能正确进行接地装置的检查和维修。

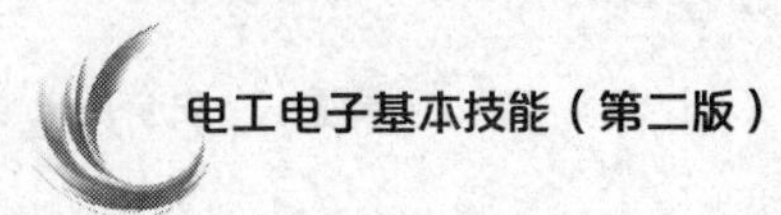

工作任务

接地装置是接地体和接地线的总称，是实现接地保护的必要设施。运行中电气设备的接地装置应当始终保持良好的工作状态。

本任务要求学生掌握接地装置的安装和维修技能。完成任务需要准备的实训器材见表 1-3-1。

表 1-3-1　实训器材

项目	内容
接地装置的安装与维修	接地体（2~3 m 钢管）、接地体连接干线（铜芯绝缘电线）
	钳工工具、电工工具
	ZC-8 型接地电阻测量仪

相关知识

一、接地装置

接地就是将设备的某一部位经接地装置与大地紧密连接起来，利用大地为电力系统正常运行、发生故障或遭受雷击等情况提供对地电流的回路，从而保障整个电力系统中包括发电、变电、输电、配电和用电各个环节的电气设备、装置和人员的安全。因此，电气设备或装置都需要接地。

1. 常见的接地类型

根据接地的目的不同，接地可分为工作接地、保护接地、重复接地、防雷接地、屏蔽接地、静电接地等。

2. 接地装置的构成及作用

接地装置是接地体（极）和接地线的总称。运行中电气设备的接地装置应当始终保持良好的状态。

接地体分为自然接地体和人工接地体两种。自然接地体是指兼有接地功能，但不是为此目的而专门设置的，且与土壤保持紧密接触的金属导体。人工接地体可用钢管、角钢、圆钢或废钢铁等制成。人工接地体宜采用垂直埋设，多岩石地区可采用水平埋设。

接地线是接地支线和接地干线的总称，电气设备的接地线宜采用多股导线，可选用铜芯或铝芯的绝缘电线或裸线，也可选用圆钢、扁钢或镀锌铁绞线。如果车间电气设备较多，宜敷设接地干线。

3. 常见接地装置的安装形式

常见接地装置的安装形式有三类，见表 1-3-2。

表 1-3-2　常见接地装置的安装形式

形式	图示	说明
单极接地装置	M 3~	单极接地装置由一只接地体构成，接地线一端与接地体连接，另一端与设备的接地点连接，适用于接地要求不高和设备接地点较少的场所
多极接地装置	M 3~　M 3~	多极接地装置由两个及以上的接地体构成，各接地体之间又连成一体，使每个接地体形成并联状态。用于连接各接地体的接线称为接地干线，用于连接设备接地点与接地干线的导线称为接地支线。多极接地装置可靠性强，适用于接地要求较高而设备接地点较多的场所
接地网络		接地网络是由多只接地体按一定的方式排列、相互连接所形成的网络。接地网络既方便群体设备的接地需要，又加强了接地装置的可靠性，也减小了接地电阻，适用于配电站（所）以及接地点多的车间、工厂或露天作业等场所

二、接地电阻测量仪

1. 接地电阻的要求

接地装置的技术要求主要是指接地电阻的要求，原则上接地电阻越小越好，考虑到经济性和合理性，接地电阻以不超过规定的数值为准。对接地电阻的要求如下。

（1）交流工作接地，接地电阻不应大于 4 Ω。

（2）安全工作接地，接地电阻不应大于 4 Ω。

（3）直流工作接地，接地电阻应按直流系统具体要求确定。

（4）防雷保护接地，接地电阻不应大于 10 Ω。

（5）对于屏蔽系统，如果采用联合接地时，接地电阻不应大于 1 Ω。

（6）安装完成的接地装置都需要测量接地电阻，以判断接地装置是否符合要求。

2. ZC-8 型接地电阻测量仪

ZC-8 型接地电阻测量仪是一种常用的测量接地电阻的仪器，适用于测量各种电气设备、避雷针等接地装置的电阻，也可测量低电阻导体的电阻和土壤电阻率。该测量仪内部由手摇发电机、电流互感器、滑线电阻器及检流计等组成。ZC-8 型接地电阻测量仪及其附件如图 1-3-1 所示，测量仪由接线桩、机械调零旋钮、调节挡位指示、调节旋钮和摇柄等部分构成，附件有辅助探棒（接地棒）、测量导线等，装于附件袋内。

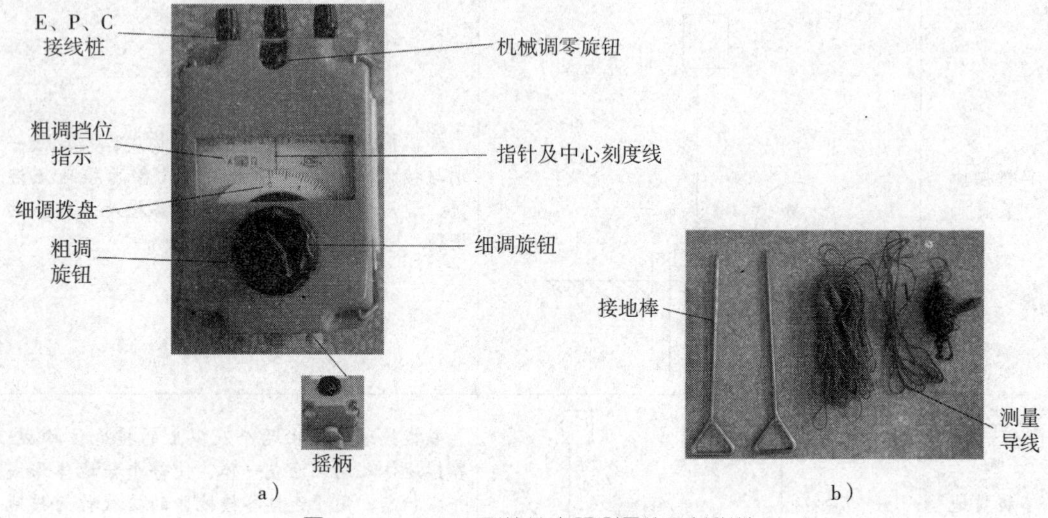

图 1-3-1　ZC-8 型接地电阻测量仪及其附件

a）ZC-8 型接地电阻测量仪　b）附件

3. 数字接地电阻测量仪

数字接地电阻测量仪摒弃传统的人工手摇发电工作模式，采用先进的中大规模集成电路，应用 DC/AC 变换技术将测量仪内的直流电源转换为交流低频恒流电源。该测量仪具有操作简单、测量精确等优点，在电力、邮电、铁路、通信等部门测量各种装置的接地电阻中得到了广泛的应用，LHT2571 数字接地电阻测量仪及其附件如图 1-3-2 所示。

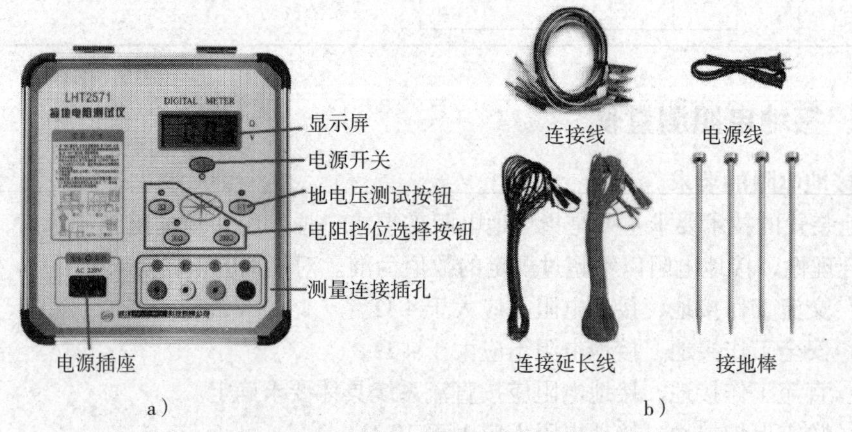

图 1-3-2　LHT2571 数字接地电阻测量仪及其附件

a）LHT2571 数字接地电阻测量仪　b）附件

三、接地装置的维护与故障排除方法

1. 定期检查和维护保养方法

（1）工作接地每隔半年或一年复测一次，保护接地每隔一年或两年复测一次。接地电阻增大时，应及时修复，切不可强行使用。

（2）接地装置的每一个连接点，尤其是采用螺钉压接的连接点，应每隔半年或一年检查一次。连接点出现松动，必须及时拧紧。采用电焊焊接的连接点，也应定期检查焊点是否完好。

（3）接地线的每个支点应进行定期检查，发现有松动、脱落的，应及时修复。

（4）定期检查接地体和接地干线是否出现严重锈蚀，若有严重锈蚀，应及时修复或更换，不可强行使用。

2. 常见故障及排除方法

接地装置的常见故障及排除方法见表 1-3-3。

表 1-3-3　接地装置的常见故障及排除方法

常见故障	排除方法
连接点松散或脱落	最容易出现松脱的有移动电具的接地支线与外壳（或插头）之间的连接处；铝芯接地线的连接处；具有振动设备的接地连接处。发现连接点松散或脱落时，应及时重新连接牢固
接地线遗漏或接错位置	在进行设备维修或更换设备时，一般都要拆卸电源线和接地线；待重新安装设备时，往往会因疏忽而把接地线漏接或接错位置。发现接地线漏接或接错位置时，应及时纠正
接地线局部电阻增大	造成接地线局部电阻增大的常见原因有连接点存在轻度松散，连接点的接触面存在氧化层或其他污垢，跨接过渡线松散等。一旦发现问题，应及时拧紧压接螺钉或清除氧化层及污垢后重新连接牢固
接地线的截面积过小	接地线的截面积过小通常是由于设备容量增加而接地线没有进行更换所引起的，接地线应按规定做相应的更换
接地体的接地电阻增大	接地体的接地电阻增大通常是由于接地体被严重腐蚀所引起的，也可能是由于接地体与接地线之间的接触不良所引起的，发现后应重新更换接地体，或把连接处清洁后重新连接牢固

任务实施

一、安装接地装置

1. 安装人工接地体

人工接地体一般用结构钢制成，其埋设于地下部分的规格：角钢的厚度应不小于

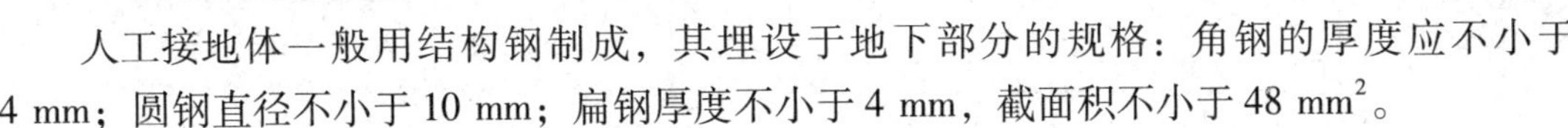

4 mm；圆钢直径不小于 10 mm；扁钢厚度不小于 4 mm，截面积不小于 48 mm^2。

（1）垂直安装人工接地体（表 1-3-4）

表 1-3-4　垂直安装人工接地体

项目	图示	说明
制作垂直接地体		垂直安装接地体通常用角钢或钢管制成，选取厚度为 4 mm 的钢管或角钢料加工。长度一般为 2~3 m，下端要加工成尖形。用角钢制作的，尖点应在角钢的钢脊上，且两个斜边要对称；用钢管制作的，要单边斜削保持一个尖点。用螺钉连接的，应先钻好螺钉孔
安装垂直接地体		在埋入接地体处挖 0.5 m 左右深的坑，采用打桩法将接地体打入地下，保持接地体与地面垂直。打入地下的有效深度应不小于 2 m。若是多极接地装置，应沿连接接地体的干线挖一个 0.5 m 深的沟，接地体与接地体之间在地下应保持 2.5 m 以上的直线距离。接地体打入地下后，应将其四周填土夯实，以减小接触电阻。若接地体与接地体连接干线在地下连接，应先将其用电焊焊接后再填土夯实

操作提示

（1）如果垂直接地体的角钢有弯曲，一定要矫直，否则不易打入地下。

（2）用锤子敲打角钢时，应敲打角钢的钢脊处；若是钢管，则锤击力应集中在尖端的切点位置，否则不但打入困难，而且不易打直，造成接地体与土壤产生缝隙，增加接触电阻。

（3）安装时要注意操作安全。

（2）水平安装人工接地体（表 1-3-5）

表 1-3-5　水平安装人工接地体

项目	图示	说明
制作水平接地体		水平安装接地体一般只适用于土层浅薄的地方，接地体通常用扁钢或圆钢制成。水平安装接地体一般较长，通常在 6 m 左右，一端弯成向上的直角，便于连接。如果接地线采用螺钉压接，应先钻好螺钉孔

续表

项目	图示	说明
安装水平接地体	M1 M M2 M 1 2 3 >0.6 m >2.5 m 1—接地支线 2—接地干线 3—接地体	安装采用挖沟填埋法，接地体应埋入地面 0.6 m 以下的土壤中。如果是多极接地或接地网，接地体之间应相隔 2.5 m 以上的直线距离

2. 安装接地线

接地线一般都用圆钢或扁钢制作，也可用铜芯的绝缘电线或裸线制作，还可选用镀锌钢丝绞线制作。接地线包括接地干线和接地支线。保护接地线所用材料的最小和最大截面积见表 1-3-6。

表 1-3-6 保护接地线所用材料的最小和最大截面积

保护接地线材料		最小截面积/mm^2	最大截面积/mm^2
铜	绝缘铜线	1.5	25
	裸铜线	4.0	
扁钢	户内：厚度不小于 3 mm	24	100
	户外：厚度不小于 4 mm	48	
圆钢	户内：厚度不小于 5 mm	19	100
	户外：厚度不小于 6 mm	28	

（1）安装接地干线（表 1-3-7）

表 1-3-7 安装接地干线

项目	图示	说明
接地干线与接地体连接	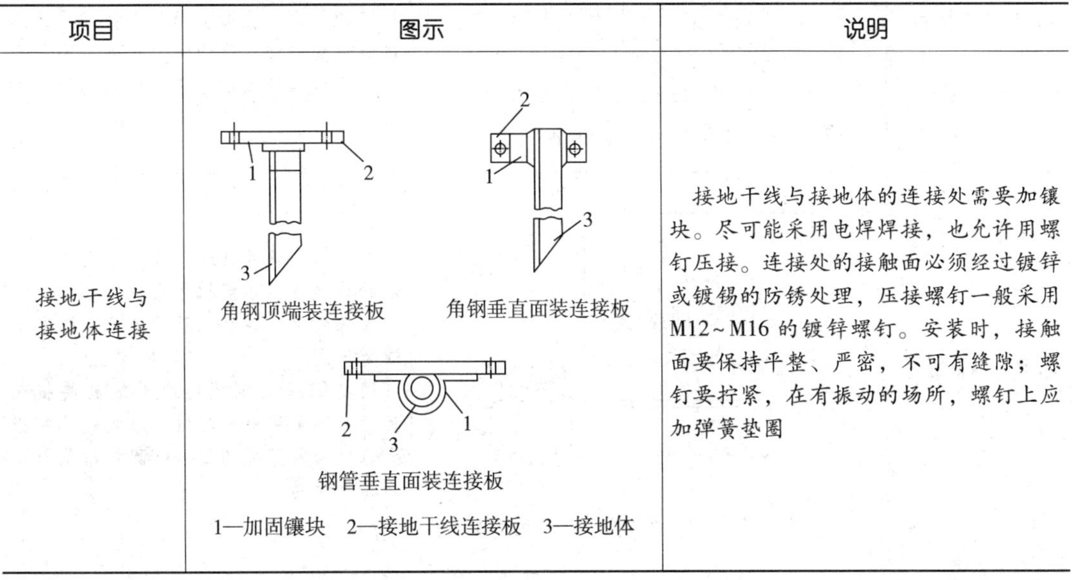 角钢顶端装连接板 角钢垂直面装连接板 钢管垂直面装连接板 1—加固镶块 2—接地干线连接板 3—接地体	接地干线与接地体的连接处需要加镶块。尽可能采用电焊焊接，也允许用螺钉压接。连接处的接触面必须经过镀锌或镀锡的防锈处理，压接螺钉一般采用 M12～M16 的镀锌螺钉。安装时，接触面要保持平整、严密，不可有缝隙；螺钉要拧紧，在有振动的场所，螺钉上应加弹簧垫圈

续表

项目	图示	说明
接地体连接干线地沟	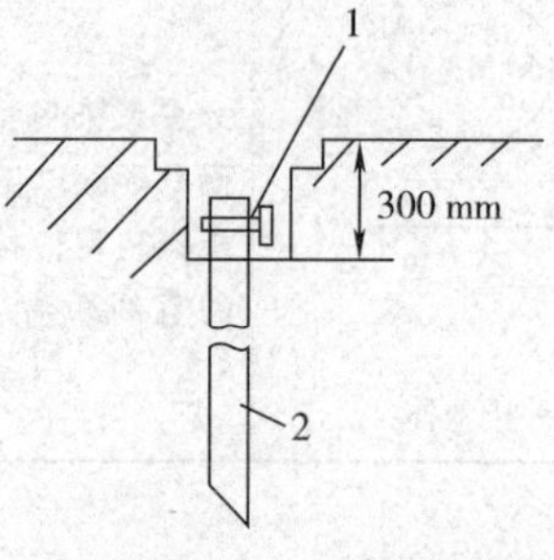 1—接地干线　2—接地体	多极接地和接地网络中连接的干线应埋入地沟中，沟上应覆有沟盖且应与地面平齐。若需提供接地干线，接地干线采用扁钢时，安装前应在扁钢宽面上预先钻好接线用的通孔，并在连接处镀锡。若不需要提供接地干线，则应将干线埋入地下 300 mm 左右，并在地面标清干线的走向和连接点的位置，以便于检查和修理。埋入地下的连接点尽量采用电焊焊接
配电变压器的接地连接	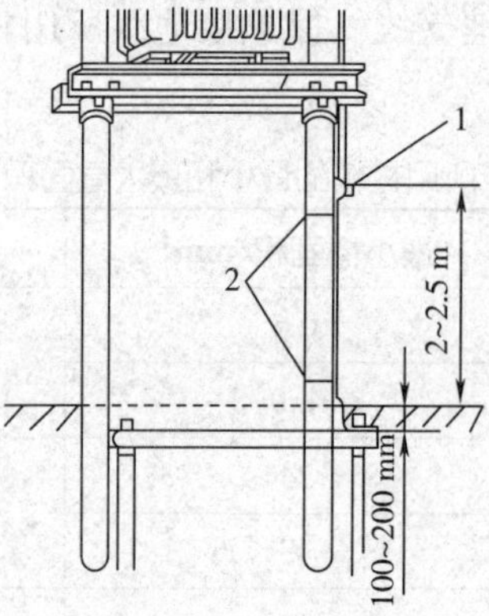 1—断开点　2—绑扎铁丝	配电变压器的接地干线与接地体的连接点如左图所示，埋入地下 100～200 mm。在接地干线引出地面 2～2.5 m 处断开，再用螺钉重新压紧接牢
接地干线明敷	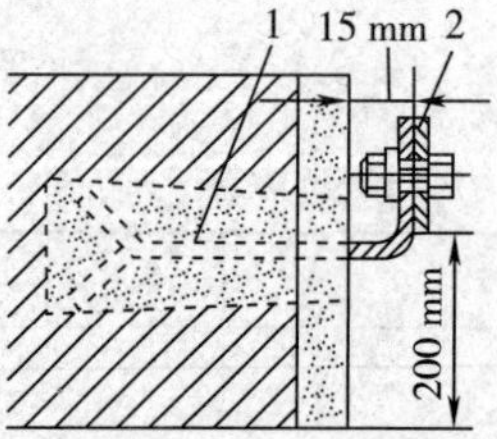 1—支撑卡　2—接地扁钢	接地干线明敷时，除连接处外均应涂黑色标明。在穿越墙壁或楼板时应用空管加以保护。在可能受到机械力而使之损坏的地方，应加防护罩保护。采用扁钢敷设室内接地干线时，可按左图所示用支撑卡沿墙敷设，它与地面的距离约 200 mm，与墙的距离约 15 mm
多股导线的接线	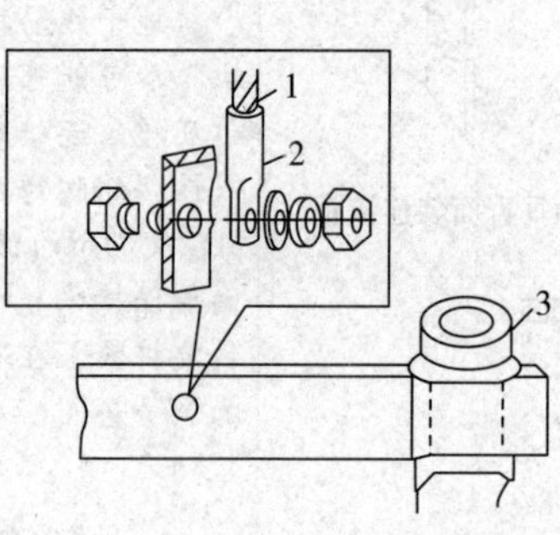 1—多股导线　2—接线耳　3—接地干线	若采用多股导线连接，应采用左图所示的接线耳，不能把导线头直接弯圈压接在螺钉上。在有振动的地方，还要加弹簧垫圈 用扁钢或圆钢做接地干线需要接长时，必须采用电焊焊接，焊接处扁钢搭头长度为其宽度的 2 倍；圆钢搭头长度为其直径的 6 倍

续表

项目	图示	说明
利用已有金属构件进行接地连接	1—接地干线　2—金属包箍 3—跨接导线　4—金属管道	接地干线也可以利用环境中已有的金属构件和设施，如吊车、行车轨道、大型机床床身、金属屋架、电梯竖井架、电缆的金属外皮和各种无可燃、可爆物质的金属管道（不包括明线管道）等。利用这些金属体作为接地干线时，应注意它们必须具有良好的导电连续性。因此，必须在管子的连接处或金属构架的连接处做过渡性的电连接，连接方法如左图所示

（2）安装接地支线

接地支线的安装必须遵守以下规定。

1）每一台设备的接地点都必须用一根接地支线与接地干线单独连接。不允许用一根接地支线把几台设备的接地点串联起来，也不允许将几根接地支线并接在接地干线的一个连接点上。

2）在室内容易被人体触及的地方，接地支线要采用多股绝缘线，在连接处必须恢复绝缘层；在室外不易被人体触及的地方，接地支线可采用多股裸绞线。用于移动电具从插头至外壳处的接地支线，应采用铜芯绝缘软线，中间不得有接头，并和绝缘线一起套入绝缘护套内。常用三芯或四芯橡胶护套电缆的黄绿双色绝缘导线作为接地支线。

3）接地支线与接地干线或与设备接地点的连接，其线头要用接线耳，采用螺钉压接。在有振动的场所，螺钉上要加弹簧垫圈。

4）固定敷设的接地支线需接长时，连接处必须按照标准要求连接，铜芯线连接处要锡焊加固。

5）在电动机保护接地中，可利用电动机与控制开关之间的钢管保护导线作为控制开关外壳的接地线，其安装方法如图 1-3-3 所示。

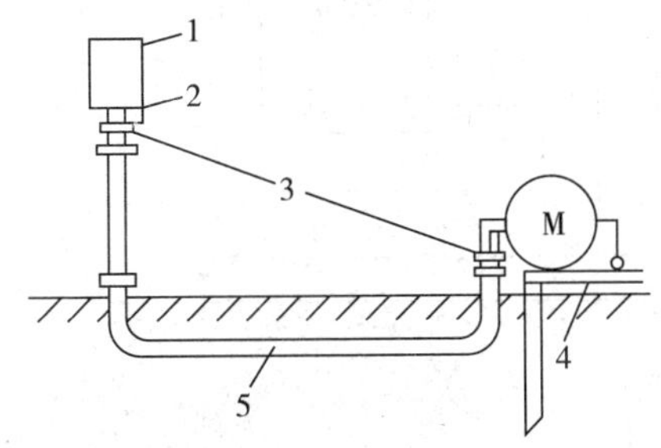

图 1-3-3　利用钢管保护导线做接地支线

1—开关外壳　2—接地点　3—金属夹头　4—接地干线　5—钢管保护导线

6）接地支线的每个连接处都应置于明显部位，以便于检修。

二、测量接地电阻

1. 用 ZC-8 型接地电阻测量仪测量接地体的接地电阻（表 1-3-8）

表 1-3-8　用 ZC-8 型接地电阻测量仪测量接地体的接地电阻

项目	图示	说明
拆开接地干线与接地体的连接点		拆开接地干线与接地体的连接点，或拆开接地干线上所有接地支线的连接点
安装接地棒	20 m　20 m　400 mm　接地棒　接地棒　接地体	将一根接地棒插在距接地体 40 m 远的地下；另一根接地棒插在距接地体 20 m 远的地下，两根接地棒均垂直插入地面约 400 mm
使用测量导线连接接地体、接地棒、接地电阻测量仪	断开点　E　ZC-8　P　C　20 m　20 m　接地棒　接地棒　接地体	将接地电阻测量仪放置在接地体附近平整的地方后，按图示方法使用测量导线将接地电阻测量仪的接线柱分别与接地体和接地棒连接

续表

项目	图示	说明
选择粗调量程		根据被测接地体接地电阻的要求，调节好粗调旋钮（表上有粗调挡位，分别为×1 Ω、×10 Ω 和×100 Ω 三挡）
测量接地电阻		以 120 r/min 的转速匀速摇动手柄，当表头指针偏离中心时，边摇边调节细调旋钮，直到指针居中为止
计算接地电阻阻值		以细调拨盘的位置读数乘以粗调挡位的倍率，其结果就是被测接地体接地电阻的阻值，左图所示接地电阻的阻值为 3.5×1=3.5 Ω

操作提示

（1）禁止在未断开接地线或者被测物带电时进行测量。

（2）仪表携带、使用时须小心轻放，避免剧烈振动。

（3）为了保证所测接地电阻的阻值可靠，应改变方位重新进行测量，取多次测量值的平均值作为接地体的接地电阻。

2. 用数字接地电阻测量仪测量接地体的接地电阻

用数字接地电阻测量仪测量接地体的接地电阻时，以被测接地极为起点，使电位探棒和电流探棒三者在一条直线上，间距为 20 m，如图 1-3-4 所示。

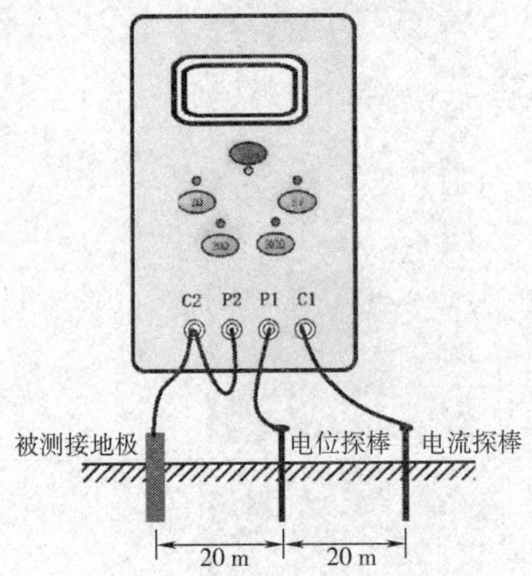

图 1-3-4　数字接地电阻测量仪的使用方法

安装完成后按照以下操作步骤进行接地电阻的测量。

（1）用测量连接线将被测接地极连到仪表的 C2、P2 测试孔（三极法测量将 C2、P2 短接即可），电位探棒连到仪表测试孔 P1，电流探棒连到仪表测试孔 C1。

（2）按下电源按钮，打开电源。

（3）使用电阻挡位选择按钮选定所需的测试量程，显示屏显示测量位置的接地电阻阻值。

三、检查和维修接地装置

按照规定的检查时间，定期对接地装置进行检查，发现问题及时维修，检查步骤、项目及内容见表 1-3-9。

表 1-3-9　接地装置的检查步骤、项目及内容

检查步骤	项目	内容
外观检查	连接点	检查容易松脱的连接点，观察其是否有松脱的现象
	接地线	设备维修或更换时检查接地线是否有漏接或错接现象；日常检查时检查接地线是否有断线
接地电阻测量	接地线电阻	测量接地线局部电阻是否正常
	接地体电阻	测量接地体电阻是否正常
接地线检查	接地线截面积	检查用电设备变化情况，接地线是否随之调整

检查接地装置并发现故障后，按照表 1-3-3 进行维修。

课题二 电工基本操作技能

任务1　导线的处理

学习目标

1. 了解电线与电缆的区别及应用。
2. 熟悉导线的类型和截面积的计算方法。
3. 掌握常用的紧固工具、导线加工工具和测量工具的使用方法。
4. 能正确使用游标卡尺和千分尺测量导线线径。
5. 能对导线进行剥削、连接、绝缘恢复等处理。

工作任务

电工在作业时，首先应掌握紧固工具、导线加工工具和测量工具的作用及使用方法，然后根据需要正确使用工具对导线进行操作。本任务要求学生学习利用常用导线加工工具、测量及紧固工具完成导线的测量、剥削、连接、绝缘恢复等操作技能。完成任务需要准备的实训器材见表2-1-1。

表 2-1-1　实训器材

项目	内容
导线的处理	螺钉旋具、钢丝钳、尖嘴钳、断线钳、剥线钳、电工刀、游标卡尺和千分尺
	绝缘带、绝缘胶布、各种规格的绝缘导线

相关知识

一、导线的基础知识

1. 电线与电缆

电线是用于承载电流的导电金属线材，有实心的、绞合的或箔片编织的等各种形式。电线按绝缘情况分为裸电线和绝缘电线两大类。

电缆是由一根或多根相互绝缘的导电线芯置于密封护套中构成的绝缘导线。其外层可加保护覆盖层，用于传输、分配电能或传送电信号。它与普通电线的区别主要是电缆尺寸较大、结构较复杂等，有时也将电缆归入广义的电线之列。

2. 铜线与铝线

电路连接或敷设通常使用铜线和铝线两种，由于铜的各项电性能优于铝，所以固定敷设用电线一般采用铜线。

3. 常用的导线

根据导线绝缘层的不同，常用的导线类型见表 2-1-2。

表 2-1-2　常用的导线类型

类型	图例	说明
BV/BLV 导线	BV　BLV	塑料导线或 PVC 导线，采用聚氯乙烯塑料（PVC）作为导线的绝缘层。根据导线线芯材料的不同分为 BV（铜芯）和 BLV（铝芯）
BVV/BLVV 导线	BVV　BLVV	俗称护套线，在 PVC 绝缘层的基础上增加了一层聚氯乙烯护套层，提高了绝缘和阻燃性能，同时还可以将多根导线合并在一起，常用于家庭装修的电源线。根据导线线芯材料的不同分为 BVV（铜芯）和 BLVV（铝芯）

续表

类型	图例	说明
BX/BLX 导线	BX　　BLX	俗称橡胶线，采用橡胶作为导线的绝缘层，有较好的防水性能，常用于电力电缆、电磁线、数据电缆、仪器仪表线缆等。根据导线线芯材料的不同分为 BX（铜芯）和 BLX（铝芯）

4. 导线截面积计算

（1）单股导线截面积计算

$$S=\pi\frac{D^2}{4}$$

其中 S 为导线的截面积，D 为导线的直径。

（2）多股绞线截面积计算

$$S=n\pi\frac{d^2}{4}$$

其中 S 为导线的截面积，n 为绞线的股数，d 为每股绞线的直径。

二、常用的紧固工具

1. 螺钉旋具

紧固和拆卸带槽螺钉的常用工具称为螺钉旋具，主要由手柄和金属杆组成，手柄通常为木柄或塑料柄。螺钉旋具根据其金属杆头部形状分为一字和十字，如图 2-1-1 所示。不同规格螺钉旋具的使用方法见表 2-1-3。

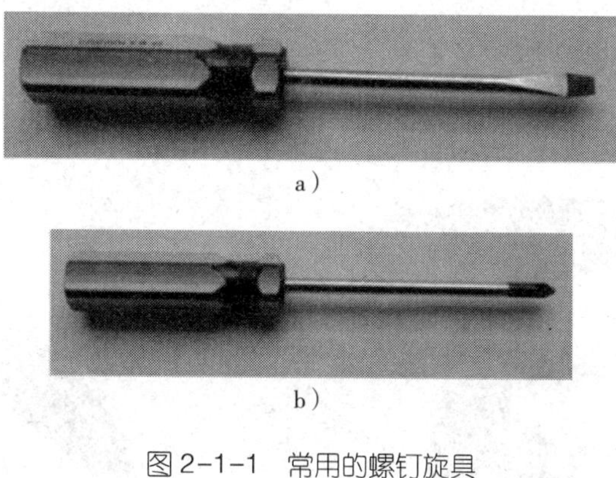

a）

b）

图 2-1-1　常用的螺钉旋具

a）一字　b）十字

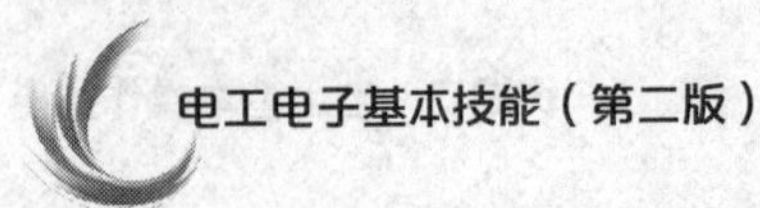

表 2-1-3　不同规格螺钉旋具的使用方法

种类	图示	使用方法
小规格旋具		食指顶住握柄末端，大拇指和中指夹住握柄旋动
大规格旋具		手掌顶住握柄末端，大拇指、食指和中指夹住握柄旋动
较长的旋具		左手握住金属杆的中间部分，右手压紧旋动 注意：涉及带电操作时，必须在金属杆上加装绝缘护套

2. 电动螺钉旋具

电动螺钉旋具又称电动旋具、电批，是用于拧紧和旋松螺钉、螺母的电动工具，如图 2-1-2 所示。

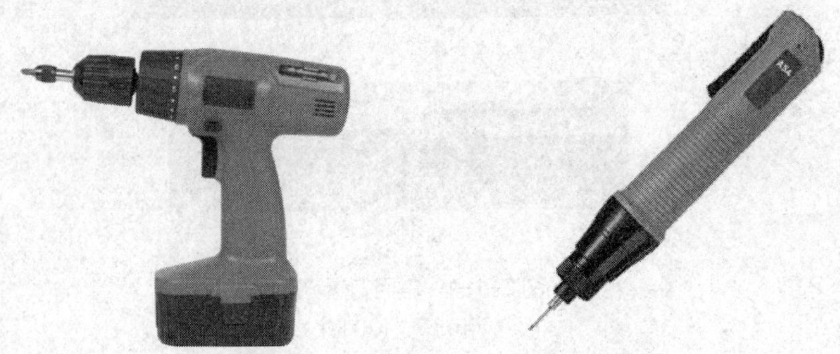

图 2-1-2　常用的电动螺钉旋具

电动螺钉旋具有调节和限制扭矩的机构，可以进行扭矩的调节，主要用于各类装配作业。由于它的精度高、效率快，其已成为组装行业常用的工具。电动螺钉旋具的使用方法见表 2-1-4。

表 2-1-4　电动螺钉旋具的使用方法

图示	使用方法
 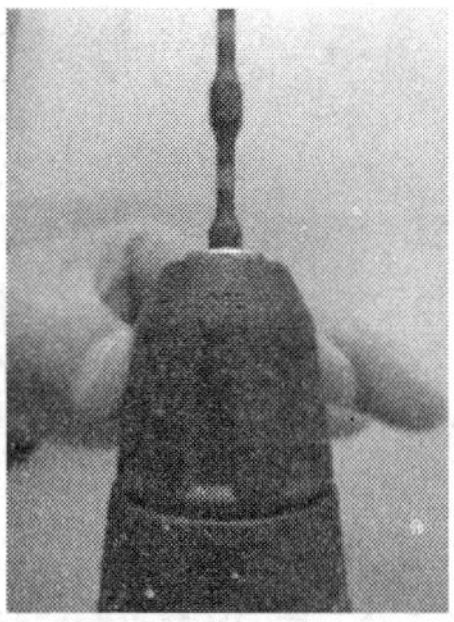	用手沿着“OPEN”方向旋转可以松开旋具头卡扣；插入旋具头后，沿着“CLOSE”方向旋转可以紧固旋具头卡扣，从而固定旋具头
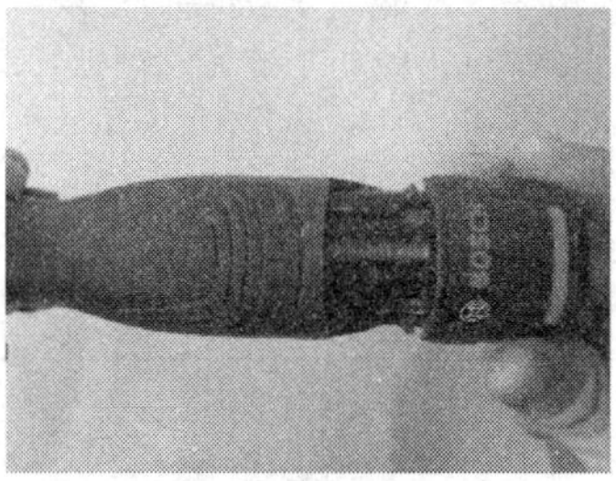	插入配套的电池
	选择合适的扭力，当旋具头与螺钉的扭力超出设定扭力时，离合器会自动打滑，旋具头停止转动
 	选择合适的转速挡

续表

图示	使用方法
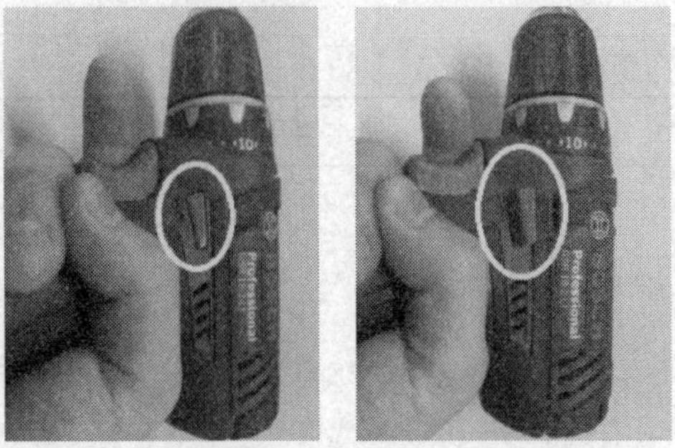	选择旋具头的旋转方向
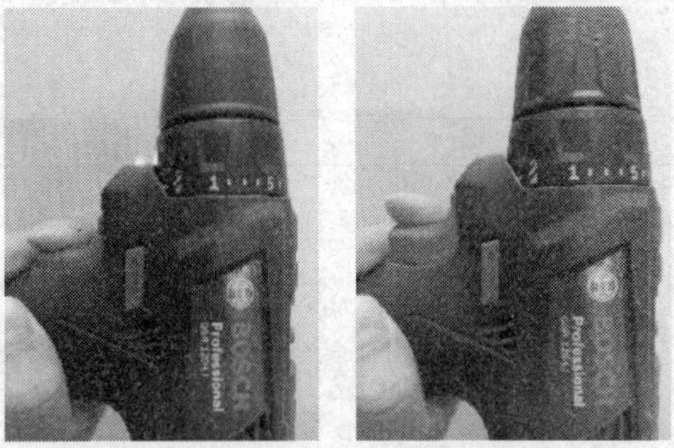	按下（或松开）开关时，旋具电源就接通（或断开），旋具开始（或停止）工作

三、常用的导线加工工具

在导线加工过程中经常需要使用钢丝钳、尖嘴钳、断线钳、剥线钳、电工刀等工具，其使用说明见表 2-1-5。

表 2-1-5　常用导线加工工具的使用说明

工具	图示	使用说明
钢丝钳	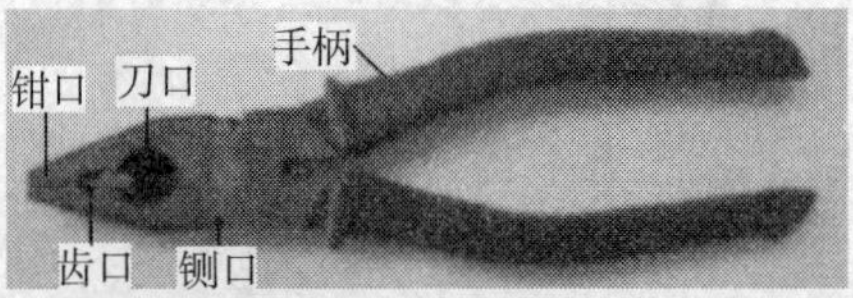 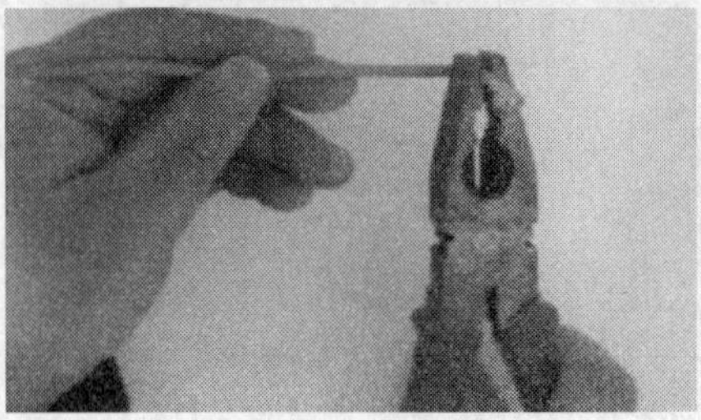 钳口　刀口　手柄　齿口　铡口 用钳口弯绞导线	钢丝钳由钳口、刀口、齿口、铡口和手柄构成。手柄有绝缘护套，绝缘护套的耐压为 500 V，只适合低压带电设备使用，使用前必须检查绝缘护套的绝缘是否良好，以免带电操作时发生触电事故

续表

工具	图示	使用说明
钢丝钳	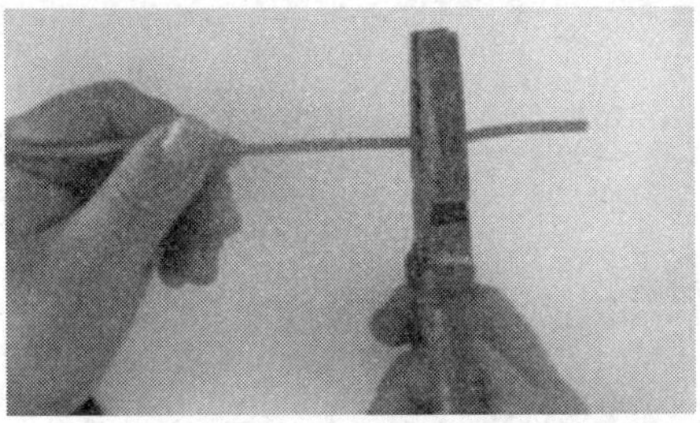 用刀口剪断导线 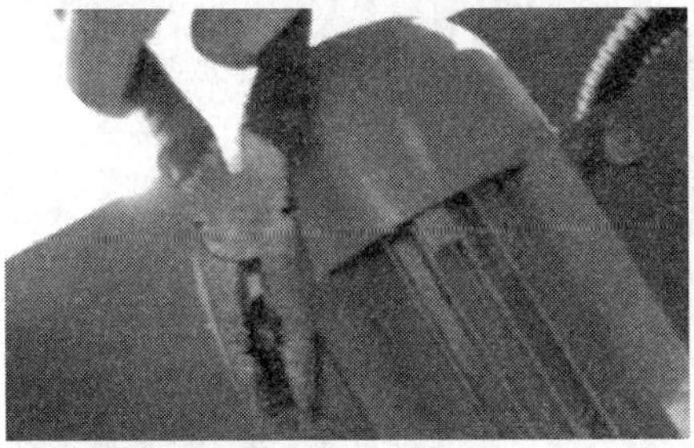 用齿口紧固小螺母 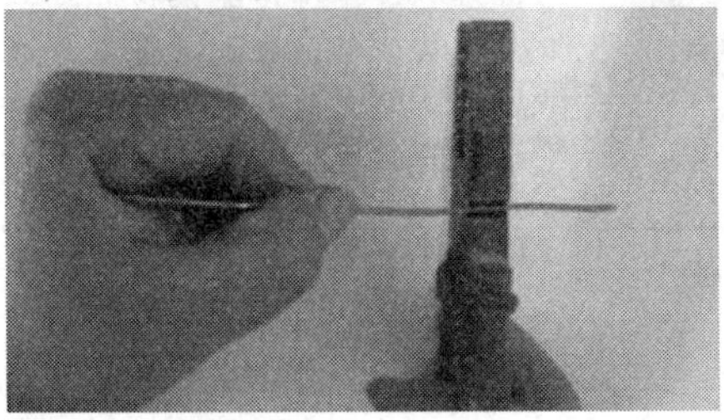 用铡口铡切钢丝	钢丝钳各部位的作用：钳口用于弯绞导线；刀口用于剪断导线；齿口用于紧固小螺母；铡口用于铡切钢丝
尖嘴钳	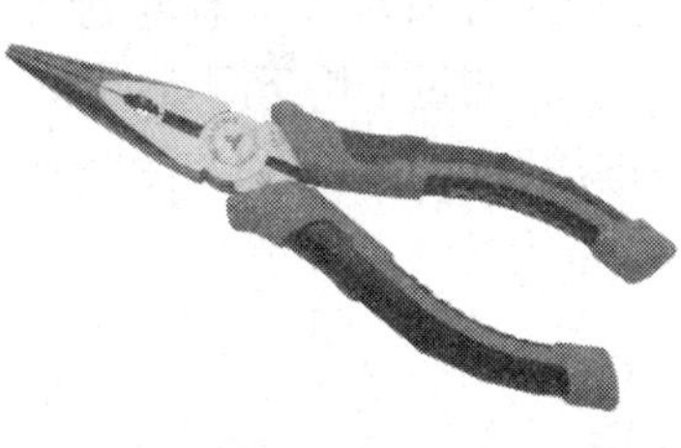	尖嘴钳用于切断细小的导线、金属丝，夹持小螺钉、垫圈及导线等元件，还能将导线端头弯曲成所需的各种形状。尖嘴钳钳头部分尖细，钳夹物体不可过大，用力勿过猛
断线钳	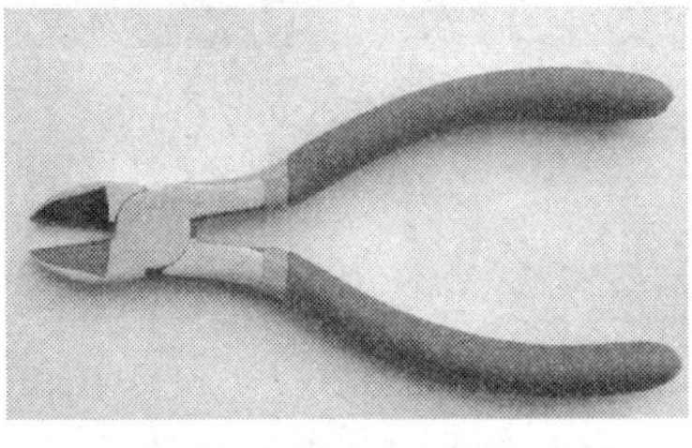	断线钳又称斜口钳，主要用于剪断较粗的电线、金属丝及电缆

续表

工具	图示	使用说明
剥线钳		剥线钳用于剥削小直径导线的绝缘层
电工刀		电工刀是用来剥削电线线头、削制木榫的专用工具。使用电工刀时应注意避免伤手，不得传递未折进刀柄的电工刀。电工刀用毕，应随时将刀身折进刀柄。电工刀刀柄无绝缘保护，不能用于带电作业，以免触电

四、常用的测量工具

1. 游标卡尺

游标卡尺是一种中等精度的量具，其外形结构如图 2-1-3 所示。游标卡尺由主标尺和附在主标尺上能滑动的游标尺两部分构成，主标尺和游标尺上有两副活动量爪，分别是内测量爪和外测量爪，游标卡尺的尾部有深度尺。内测量爪用于测量工件的内尺寸；外测量爪用于测量工件的外尺寸；深度尺用于测量工件的深度；主标尺和游标尺配合完成测量读数。

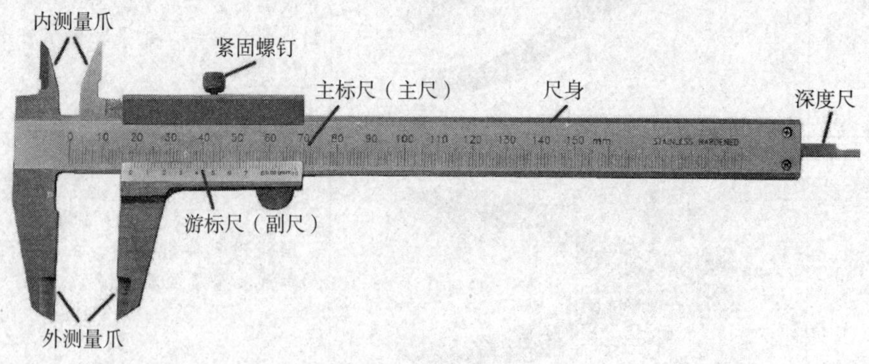

图 2-1-3　游标卡尺的外形结构

2. 千分尺

千分尺又称螺旋测微仪，是一种精度较高的量具，其外形结构如图 2-1-4 所示。使用时，旋转套筒和棘轮，使工件固定在测砧和测微螺杆间的卡口中，通过固定套筒（内套筒）和活动套筒（外套筒）上刻度的配合完成测量读数。

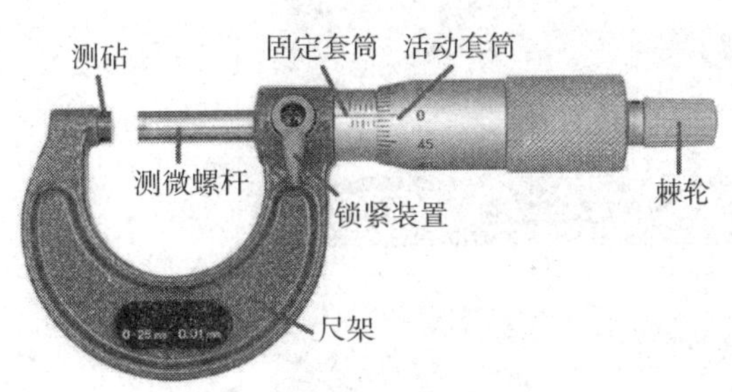

图 2-1-4　千分尺的外形结构

任务实施

一、测量单股芯线的线径

通过训练，在熟练使用游标卡尺和千分尺的基础上，利用游标卡尺和千分尺测量给定导线的线径并计算其截面积。

1. 用游标卡尺测量导线线径

用游标卡尺测量导线线径的操作步骤见表 2-1-6。

表 2-1-6　用游标卡尺测量导线线径的操作步骤

步骤	图示	实施内容
1		滑动游标卡尺副尺，用两外测量爪卡住导线外径，使导线与卡口间没有间隙

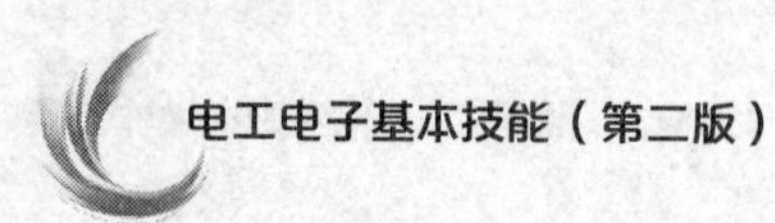

续表

步骤	图示	实施内容
2	主尺对应刻度33	读取游标卡尺测量值的整数数值，副尺零线左边主尺上的第一条刻度线是整数值，单位 mm，左图读数为 33 mm
3	副尺对应刻度4	读取游标卡尺测量值的小数数值，在副尺上找到一条与主尺上刻度线对齐的刻度线，从副尺上读出小数值（刻度×0.1），单位 mm，左图读数为 0.40 mm
4		将上述两数值相加，即为游标卡尺测得的导线直径，左图读数为 33.40 mm

注意：使用前清洁卡口，以减少误差。

2. 用千分尺测量导线线径

用千分尺测量导线线径的操作步骤见表 2-1-7。

表 2-1-7　用千分尺测量导线线径的操作步骤

步骤	图示	实施内容
1		旋转千分尺的活动套筒，使测砧、测微螺杆与被测导线贴合，然后转动棘轮，当听到棘轮发出“咔、咔”声后，可开始读数

续表

步骤	图示	实施内容
2	主刻度1.5	看清固定套筒上露出的主刻度线，读出毫米数（水平线上的刻度线）及半毫米数（水平线下的刻度线），左图读数为 1.5 mm
3	副刻度21.5	读活动套筒上的读数，用活动套筒上与固定套管的基准线对齐的标记格数，乘以千分尺的分度值（0.01 mm），即 21.5×0.01 mm=0.215 mm
4		将上述两数值相加，即为千分尺测得的导线直径，左图读数为 1.715 mm

注意：使用千分尺前清洁卡口，以减少误差。

二、剥削导线绝缘层

1. 剥削塑料硬导线

导线在连接前需要剥削绝缘层，根据不同类型的导线选择合适的工具进行剥削。

（1）芯线截面积小于 4 mm^2 的塑料单股硬导线，可用钢丝钳（或剥线钳）剥削其绝缘层，操作步骤见表 2-1-8 和表 2-1-9。

表 2-1-8　用钢丝钳剥削单股硬导线绝缘层的操作步骤

步骤	图示	实施内容
1	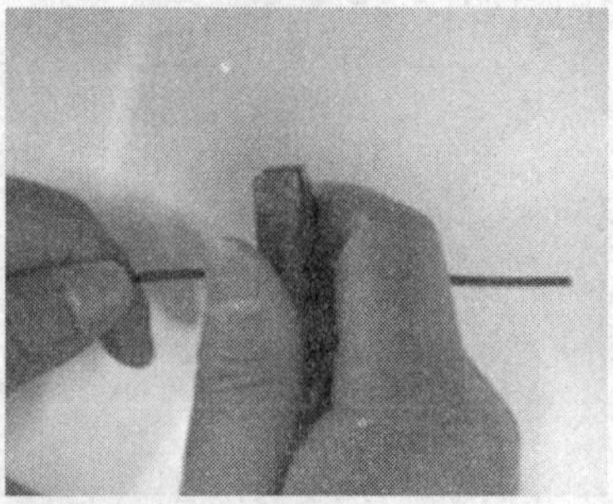	用钢丝钳切入绝缘层，不能伤及线芯
2	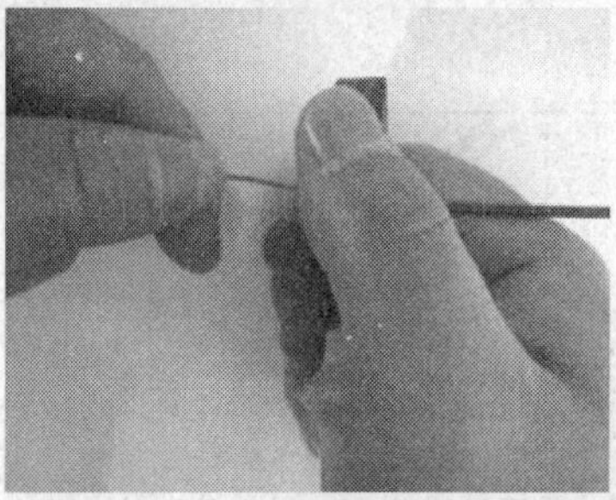	右手握住钳头向外拉，剥去绝缘层

表 2-1-9　用剥线钳剥削单股硬导线绝缘层的操作步骤

步骤	图示	实施内容
1		根据导线粗细选择合适的钳口
2	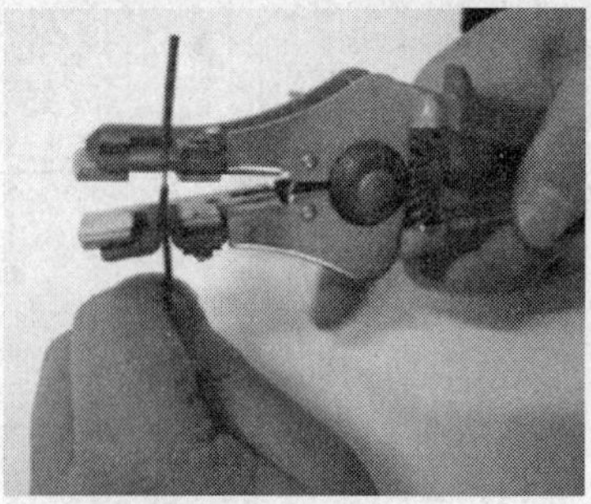	右手压下钳把，自动去除绝缘层

（2）对于芯线截面积大于 4 mm^2 的塑料单股硬导线，可用电工刀剥削其绝缘层，操作步骤见表 2-1-10。

表 2-1-10　用电工刀剥削单股硬导线绝缘层的操作步骤

步骤	图示	实施内容
1	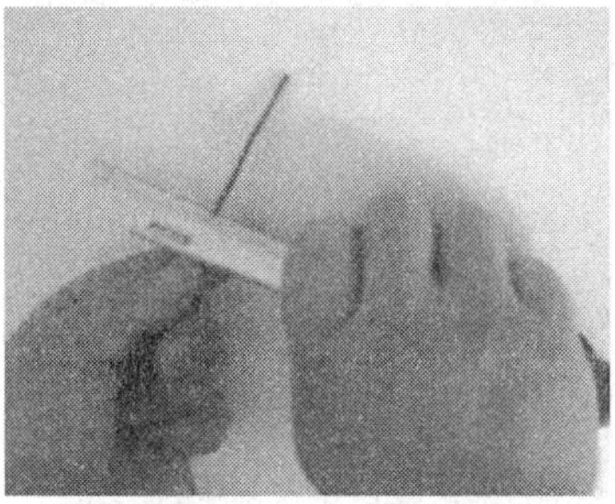	将电工刀以 45°角切入塑料层
2	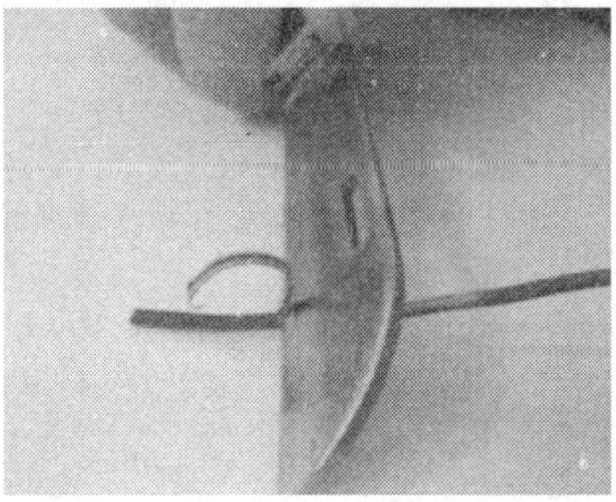	将电工刀与线芯保持 25°角左右，用力向线端推削，注意不要割伤芯线
3	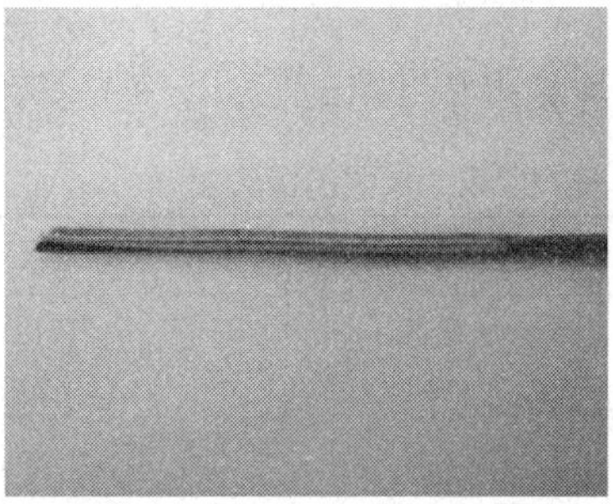	削去上面一层塑料绝缘层
4	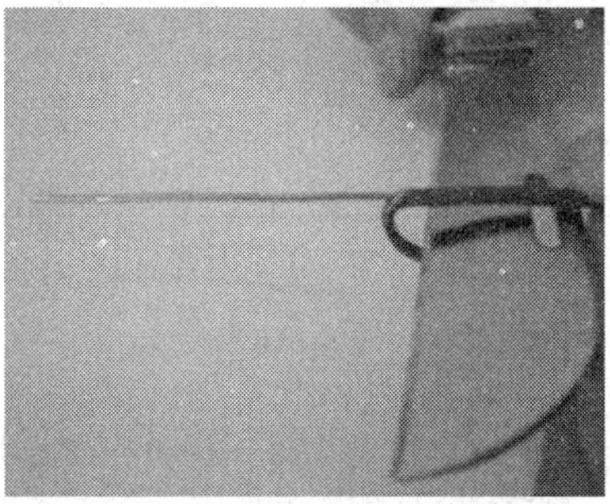	将下面的塑料绝缘层向后扳翻，然后用电工刀齐根切去

2. 剥削塑料软导线

塑料软导线的绝缘层通常使用剥线钳进行剥削，操作步骤见表 2-1-11。

表 2-1-11　用剥线钳剥削塑料软导线绝缘层的操作步骤

步骤	图示	实施内容
1	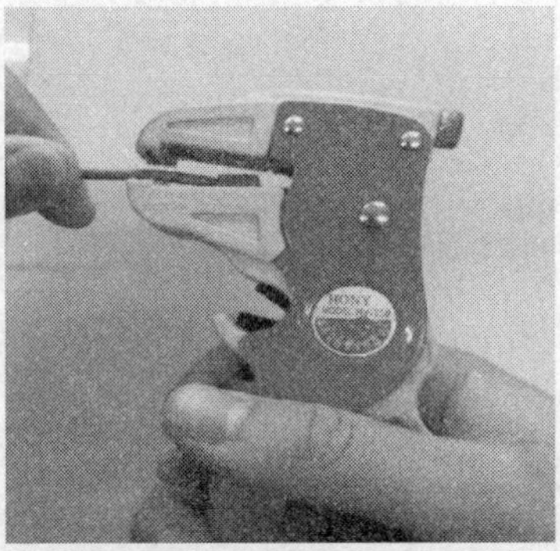	将绝缘导线放入剥线钳的卡口中，绝缘层剥削长度由接线需要和剥线钳上的刻度决定
2	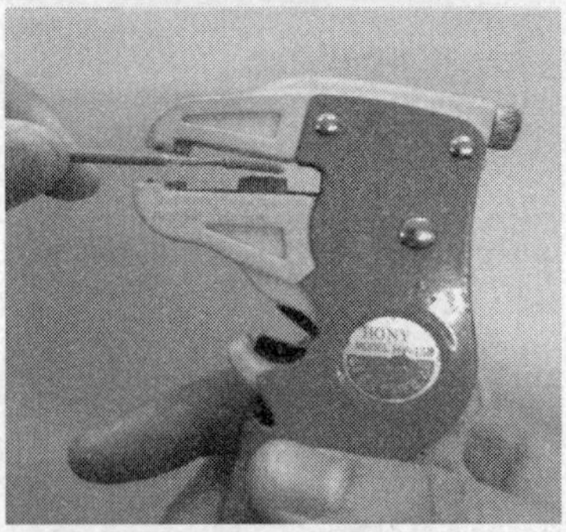	保持两手相对位置不动，压下剥线钳手柄，自动去除绝缘层

3. 剥削塑料护套线

用电工刀剥削塑料护套线绝缘层的操作步骤见表 2-1-12。

表 2-1-12　用电工刀剥削塑料护套线绝缘层的操作步骤

步骤	图示	实施内容
1	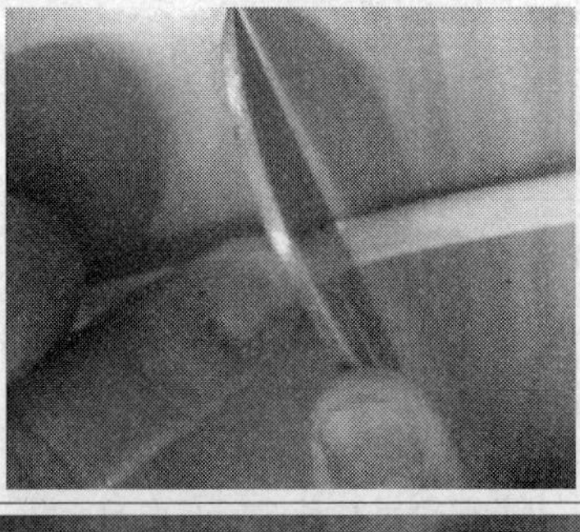	根据所选定要剥削的长度，使用电工刀横向划一深痕，不得损伤芯线和绝缘层
2	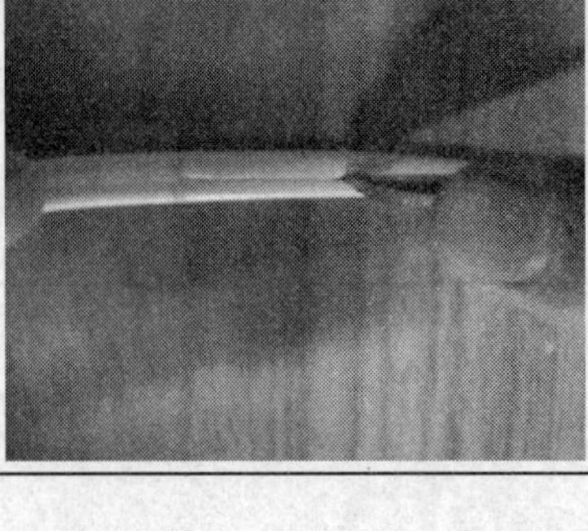	电工刀刀尖对准护套线的径向中间部位，向线头侧划破护套层

续表

步骤	图示	实施内容
3	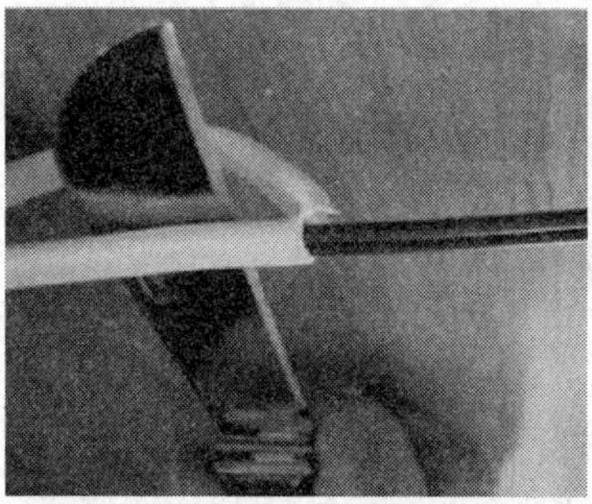	向后扳翻护套层，用电工刀齐根将其切去
4	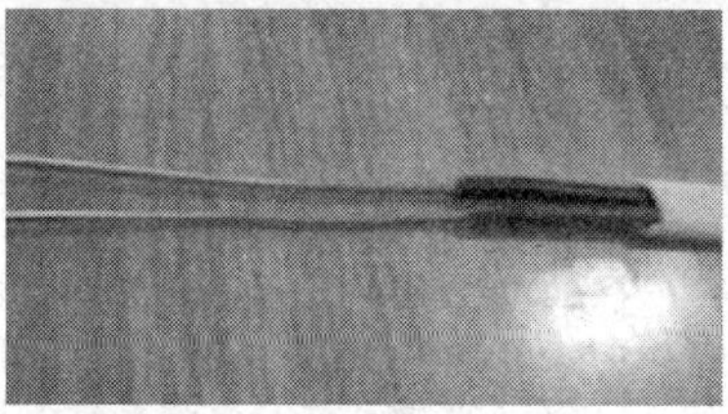	在距离护套层 10 mm 处，根据芯线的软硬程度采用对应的方法剥削芯线绝缘层

三、连接导线

当导线不够长或要分接支路时，需要进行导线与导线的连接。根据不同导线的种类和线芯材料，采用不同的连接方法。

1. 单股芯线的直线连接

单股铜芯导线直线连接的操作步骤见表 2-1-13。

表 2-1-13 单股铜芯导线直线连接的操作步骤

步骤	图示	实施内容
1	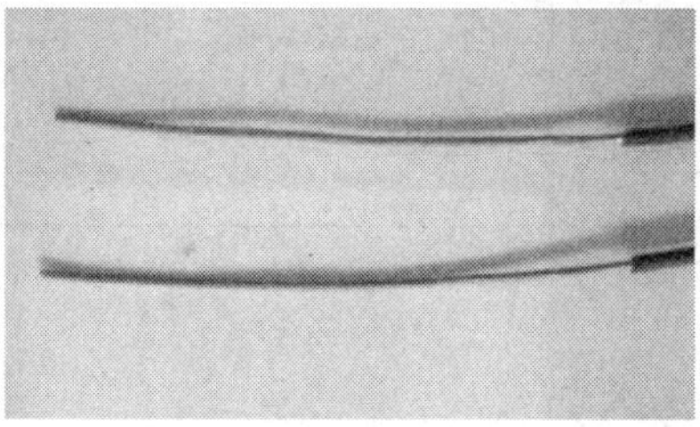	按照单股芯线导线绝缘层剥削的方法剥去导线的绝缘层
2	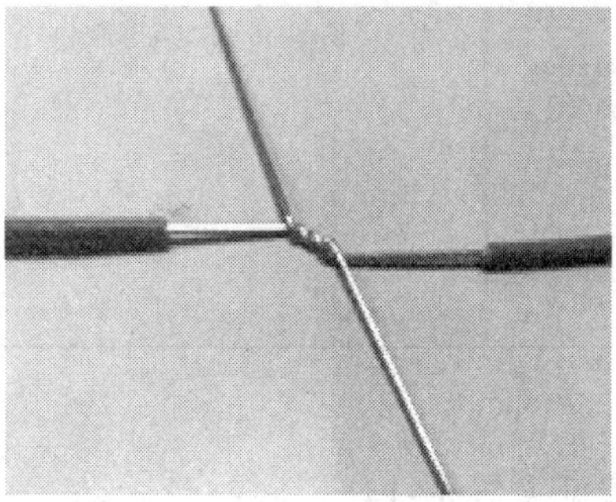	将两线端 X 形相交，互相铰接 2~3 圈

续表

步骤	图示	实施内容
3		扳直两线头，使其与导线垂直
4	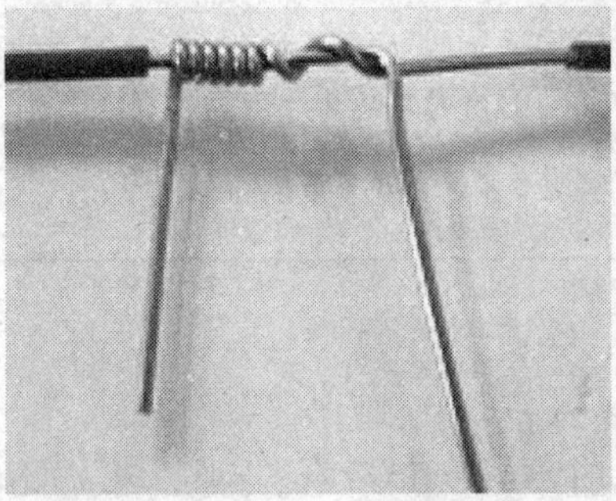	将一根导线在另一根导线上紧密缠绕 5~6 圈
5	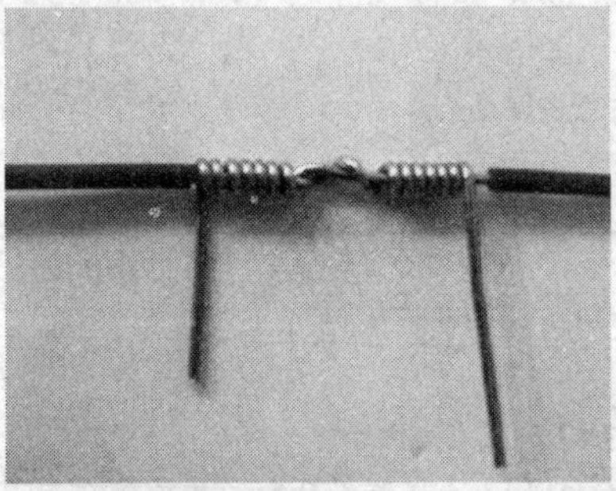	在另一端将剩下的一根导线同样紧密缠绕 5~6 圈
6	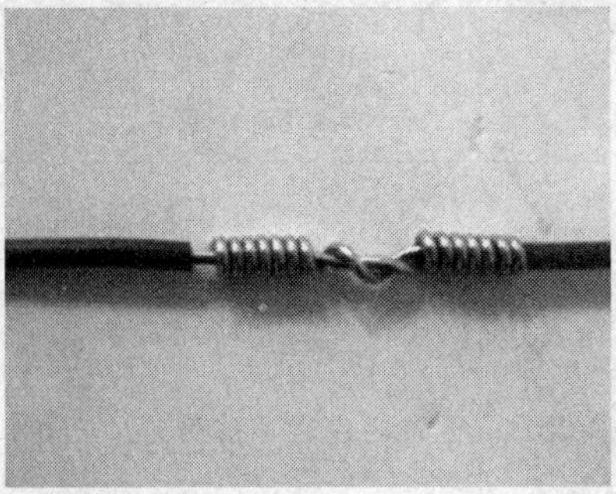	剪去多余的线头，并钳平切口，使之紧贴导线

2. 单股芯线的 T 形连接

单股铜芯导线 T 形分支连接的操作步骤见表 2-1-14。

表 2-1-14　单股铜芯导线 T 形分支连接的操作步骤

步骤	图示	实施内容
1	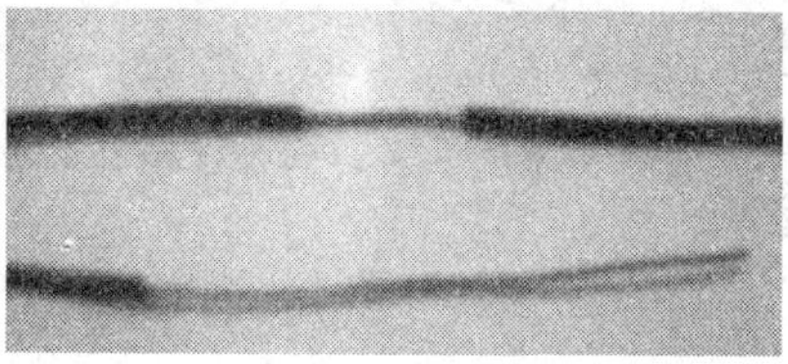	去除导线的绝缘层
2	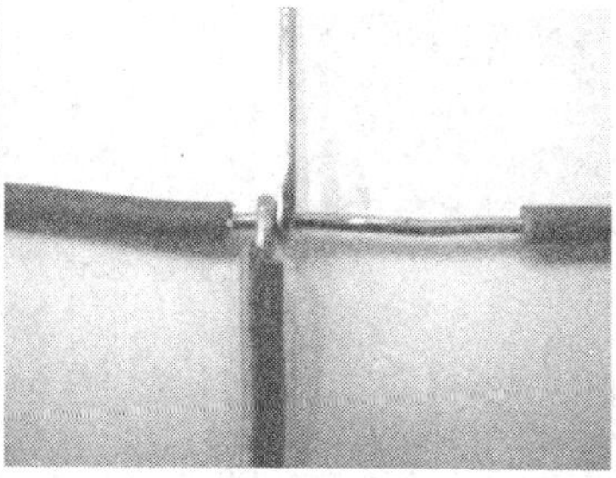 直接缠绕 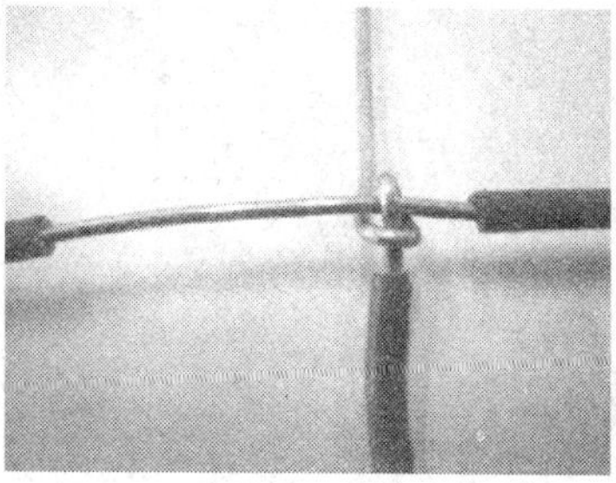　结状缠绕	较大截面积的导线直接缠绕 较小截面积的导线绕成结状缠绕：将分支芯线的线头与干路芯线十字相交缠绕，使支路芯线根部留出 3~5 mm
3	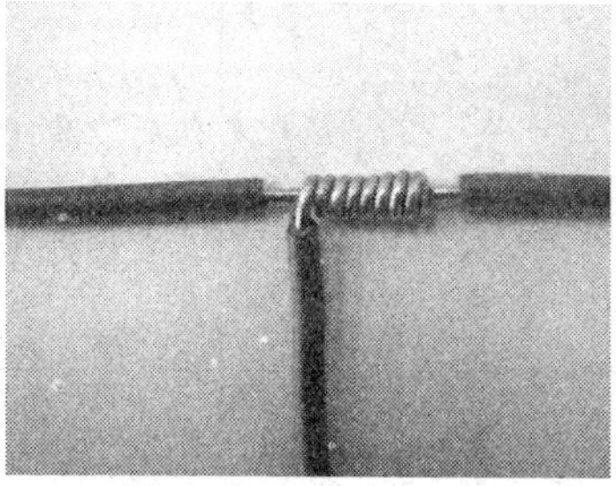 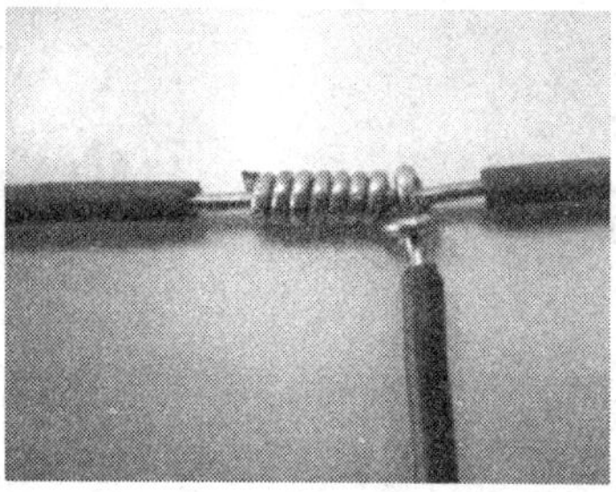	紧密缠绕 6~8 圈后，用钢丝钳切去余下的芯线，并钳平切口，使之紧贴导线

3. 多股芯线的直线连接

多股铜芯导线直线连接的操作步骤见表 2-1-15。

表 2-1-15　多股铜芯导线直线连接的操作步骤

步骤	图示	实施内容
1	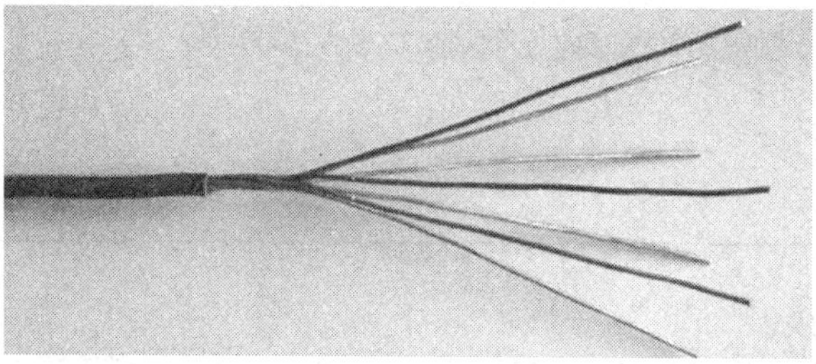	剥去绝缘层，散开芯线并拉直，将靠近根部 1/3 线段的芯线绞紧，然后把余下的 2/3 芯线散成伞状，并拉直每根芯线

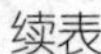
续表

步骤	图示	实施内容
2		隔根对叉两伞状芯线头，并捏平两端芯线
3	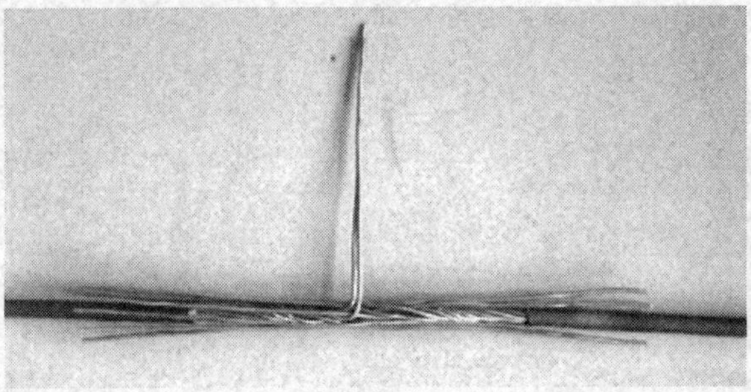	将一端 7 股芯线按 2 根、2 根、3 根分成三组，扳起第一组的 2 根芯线，将其垂直于干线芯线并按顺时针方向缠绕
4	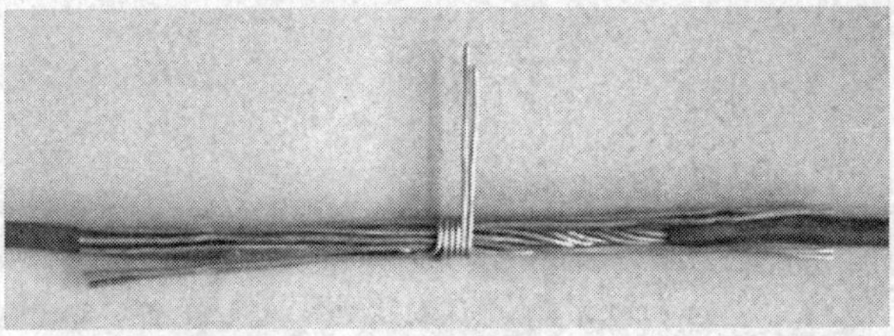	缠绕 2 圈后，将余下的芯线向右扳直，再将第二组的 2 根芯线向上扳直，也按顺时针方向紧紧压着前 2 根扳直的芯线缠绕
5	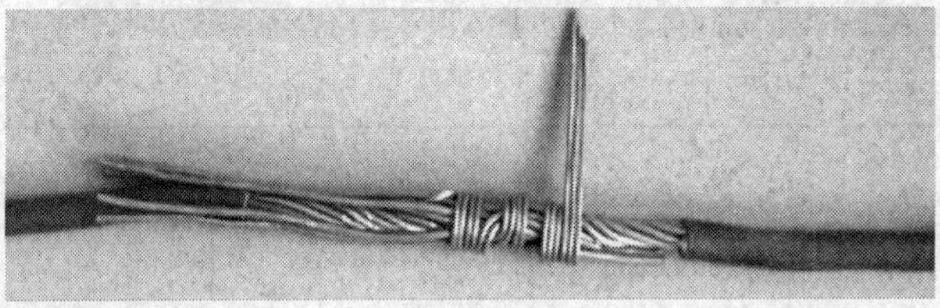	缠绕 2 圈后，将余下的芯线向右扳直，再将第三组的 3 根芯线向上扳直，也按顺时针方向紧紧压着前 4 根扳直的芯线缠绕
6		缠 3 圈后，切去每组多余的芯线，钳平切口，使之紧贴导线 用同样的方法缠绕另一端的芯线

4. 多股芯线的 T 形连接

多股铜芯导线 T 形分支连接的操作步骤见表 2-1-16。

表 2-1-16　多股铜芯导线 T 形分支连接的操作步骤

步骤	图示	实施内容
1		将分支芯线散开钳直，绞紧距绝缘层 1/8 线段的芯线，将余下 7/8 的芯线分成 4 根、3 根两组，将 4 根组支线并成一排，然后用一字旋具或平凿将干线芯线撬分成两边，再将 4 根组的支线从干线撬开的缝隙间插入，3 根组的支线放到右侧
2	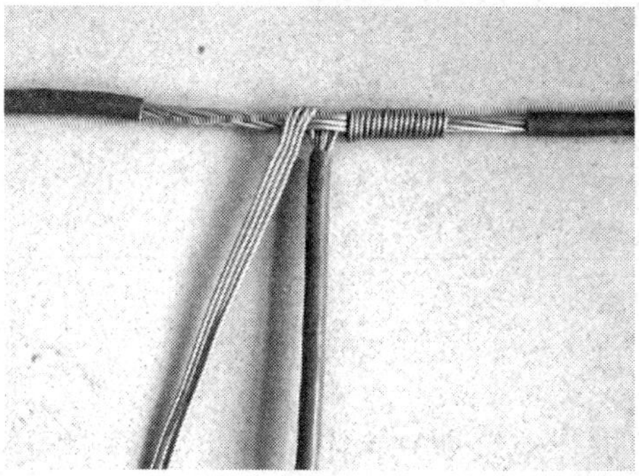	将 3 根组的支线紧贴干线向右按顺时针方向紧密缠绕 3~4 圈，4 根组的支线紧贴干线向左按逆时针方向紧密缠绕 4~5 圈
3	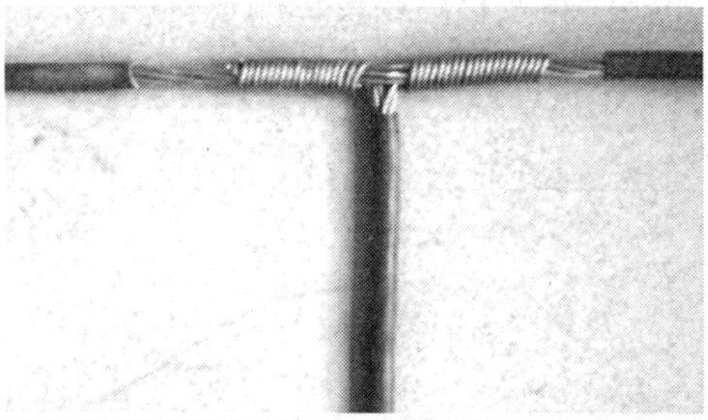	钳平线端，使之紧贴导线

5. 单股芯线与软导线的连接

单股铜芯导线与软导线连接的操作步骤见表 2-1-17。

表 2-1-17　单股铜芯导线与软导线连接的操作步骤

步骤	图示	实施内容
1	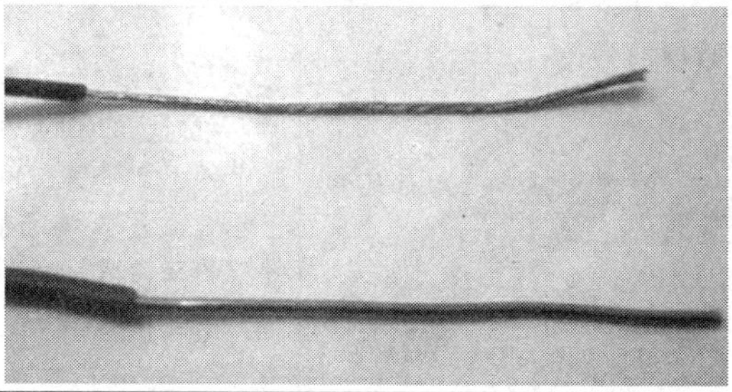	剥去导线的绝缘层，多股软导线需捻成一股

续表

步骤	图示	实施内容
2		将软导线的线芯在单股导线上紧密缠绕 7~8 圈
3		将单股导线的线芯向后弯曲压实，并钳去多余线头

四、恢复导线绝缘层

导线绝缘层破损或导线连接后，须进行绝缘恢复，恢复后的绝缘强度不应低于原来的绝缘强度。通常用绝缘带、黑胶带作为恢复绝缘层的材料。

在 220 V 线路上恢复导线绝缘层的操作步骤见表 2–1–18。

表 2–1–18　在 220 V 线路上恢复导线绝缘层的操作步骤

步骤	图示	实施内容
1		用绝缘带在导线距离绝缘切口两根带宽处（有绝缘层的位置）开始包缠，胶带采用与导线成 55° 的倾斜角进行包缠
2		包缠时，每圈胶带应压叠前一层胶带的 1/2 带宽，同时注意压紧 包缠至另一端完整绝缘层上两根带宽的距离时切断胶带

续表

步骤	图示	实施内容
3	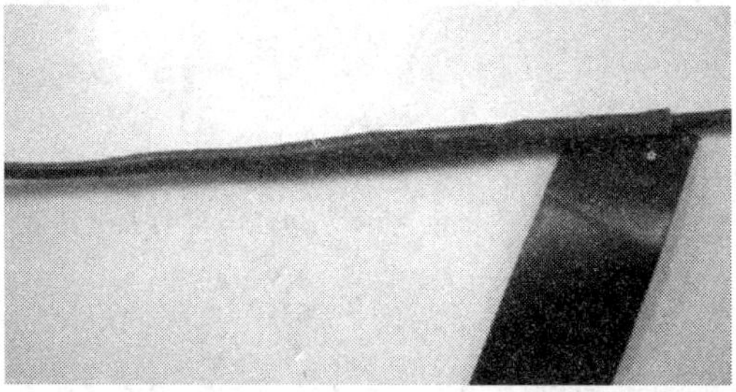	将黑胶带接在自粘绝缘带尾端，反方向包缠，黑胶带与导线保持55°的倾斜角，同样每圈压叠1/2带宽
4	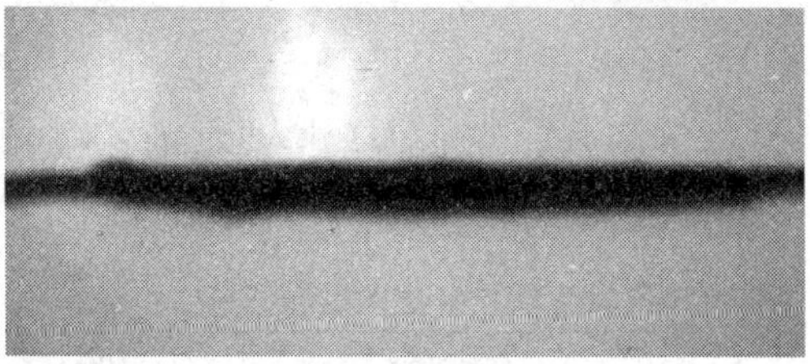	将黑胶带包缠到自粘绝缘带起始位置，剪断黑胶带，压紧带头，完成绝缘恢复

注意：包扎绝缘带时，各包层之间应紧密相接，不能稀疏，更不能露出芯线，以免造成漏电或短路事故。绝缘带平时不可放在高温处，也不可浸染油类。

五、连接导线与接线柱

1. 导线线头的成形

在连接导线与电气元件时，往往需要制作连接圈，以加大连接的牢固度。连接圈通常用尖嘴钳来制作。具体操作步骤见表2-1-19。

表2-1-19　制作连接圈的操作步骤

步骤	图示	实施内容
1	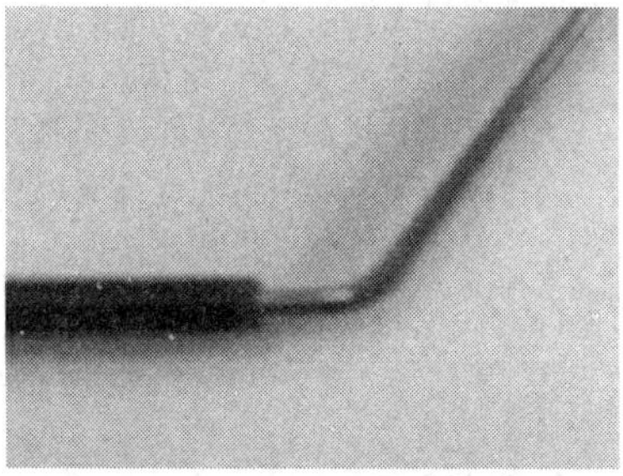	剥去线头绝缘层，在距绝缘层根部约3 mm处向外折弯
2		按略大于螺钉直径的标准，将芯线弯曲成圆形连接圈

续表

步骤	图示	实施内容
3	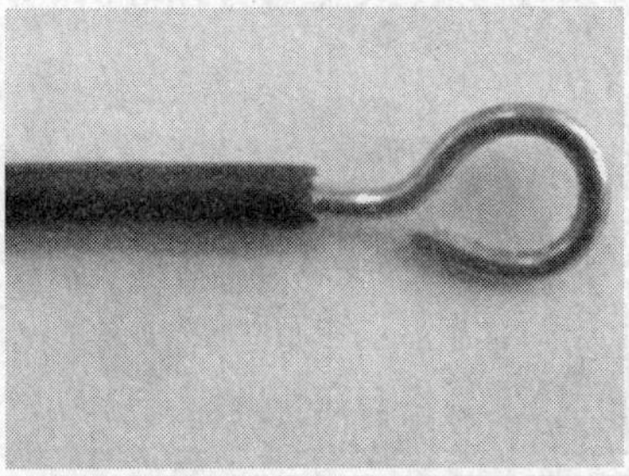	剪去多余芯线并修正连接圈。安装时连接圈的弯曲方向应与螺钉旋紧方向一致

2. 导线线头与接线柱的连接

根据接线柱、导线线径和应用场合不同，导线线头与接线柱的连接和紧固方法也不同，具体操作方法见表 2-1-20。

表 2-1-20　导线线头与接线柱连接的操作方法

类型	图示	说明
孔式接线柱导线连接	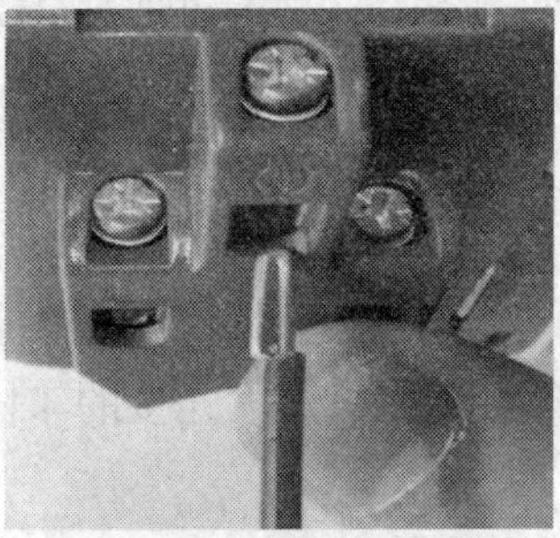	该连接类型由螺杆端面压紧导线，常用于照明电路元器件。若导线线径和导线孔径相当，则拧动螺杆直接压在导线导电部分；若导线线径明显比导线孔径小，则需把导线回折一下，然后用螺钉旋具旋紧螺杆，将其端面压在导线导电部分
拱压式压片导线连接	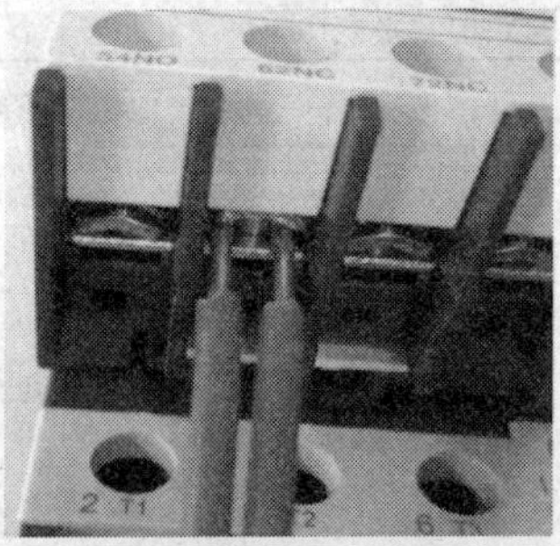	该连接类型由螺杆带动拱压式压片压紧导线，常用于小型继电器元件。若该压片只压接一根导线线头，则需把线头处理成 U 形后压接；若该压片需要压接两根导线线头，则在螺杆两侧各放一根导线线头，然后用螺钉旋具旋紧压片螺钉以进行压接
平压式压片导线连接		该连接类型由螺杆带动平压式压片压紧导线，常用于小电流元器件。此时应把导线线头处理成连接圈后插入压片，然后用螺钉旋具顺时针旋紧压片螺钉以进行压接

3. 快捷端子的连接

使用快捷端子进行导线连接的操作方法见表 2-1-21。

表 2-1-21　使用快捷端子进行导线连接的操作方法

步骤	图示	说明
针形端子	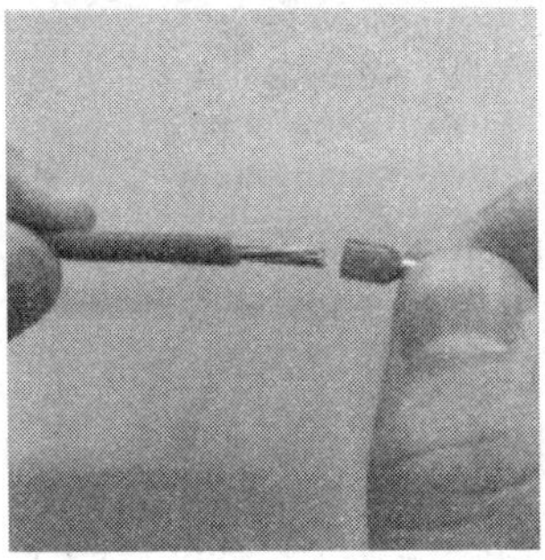 	使用针形端子时，应先确保端子内径和导线线径相匹配，长度满足实际需求，然后把导线线头全部穿入端子线管内（不得留有毛刺），最后使用压线钳压紧
U 形端子	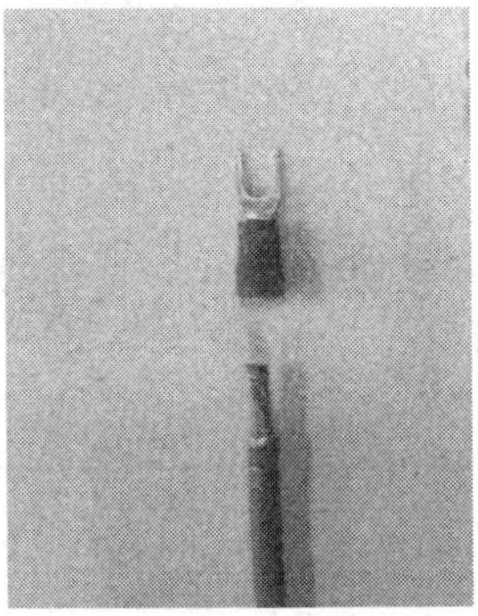 	使用 U 形端子时，应先确保端子内径和导线线径相匹配，U 形插头内宽与螺杆相匹配，外宽满足实际需求，然后把导线线头全部穿入端子线管内（不得留有毛刺），最后使用压线钳压紧
O 形端子	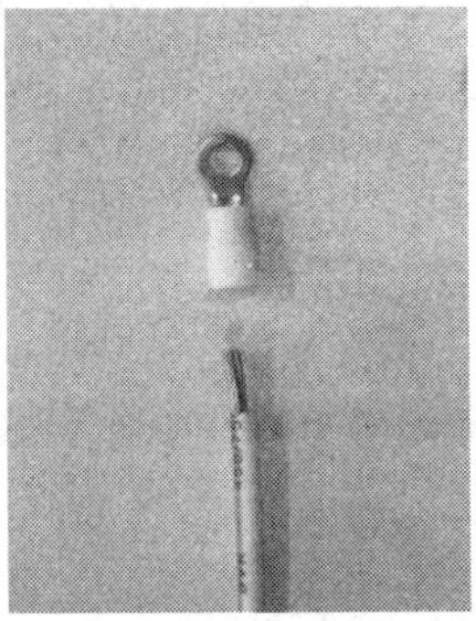 	使用 O 形端子时，应先确保端子内径和导线线径相匹配，O 形孔径与螺杆相匹配，外径满足实际需求，然后把导线线头全部穿入端子线管内（不得留有毛刺），最后使用压线钳压紧

注意：1. 快捷端子只适合于多股芯线；2. 多股芯线的线头需捻成一股后再插入端子线管内。

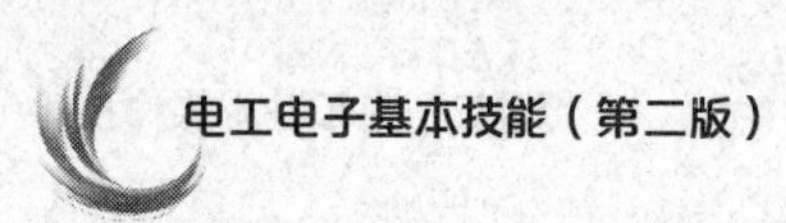

任务 2　万用表的使用

学习目标

1. 熟悉万用表的结构和性能。
2. 能正确进行万用表数据的识读。
3. 能使用万用表进行常用电参数的测量。

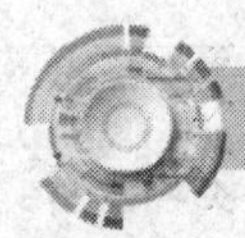

工作任务

万用表是最常用的电工仪表之一，用于对多种常用电参数进行测量。

本任务要求学生正确使用万用表进行电参数的测量。完成任务需要准备的实训器材见表 2-2-1。

表 2-2-1　实训器材

项目	内容
万用表的使用	通电电路、各种元器件
	指针式万用表、数字式万用表

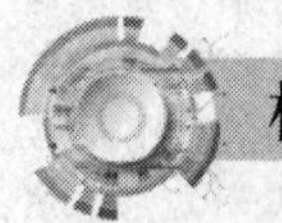

相关知识

万用表是一种多用途、多量程的电工测量仪表。常用的万用表有指针式和数字式两大类，如图 2-2-1 所示。

一、数字式万用表

数字式万用表是一种多用途电工测量仪表，可测量电压、电流、电阻等电参数，有时也称为万用计、多用计、多用电表或三用电表。数字式万用表便于携带，适用于各类电气故障的诊断。VC890D 型数字式万用表面板如图 2-2-2 所示。

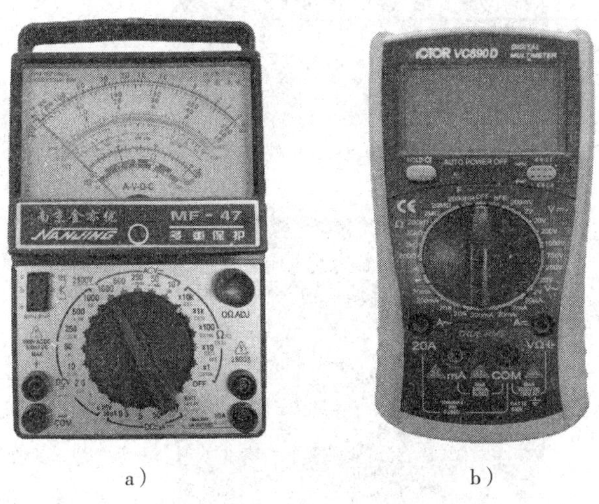

a）　　　　b）

图 2-2-1　万用表

a）指针式　b）数字式

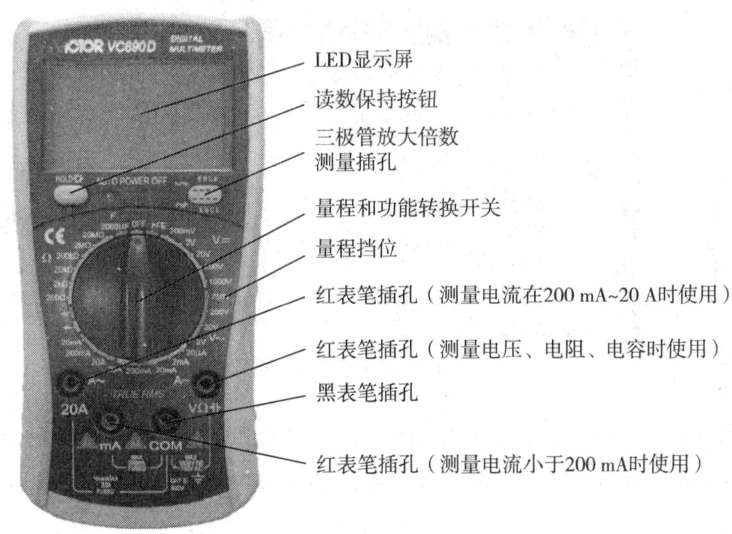

图 2-2-2　VC890D 型数字式万用表面板

二、指针式万用表

指针式万用表是磁电系整流式便携万用表，可测量直流电流、交直流电压、电阻等电参数。MF47 型指针式万用表面板如图 2-2-3 所示。

MF47 型指针式万用表的表头刻度盘共有七条刻度线，如图 2-2-4 所示，从上向下分别为电阻刻度线、直流电流刻度线、交流/直流电压刻度线、电容刻度线、三极管放大倍数刻度线、电感刻度线、电池电压刻度线、分贝刻度线。

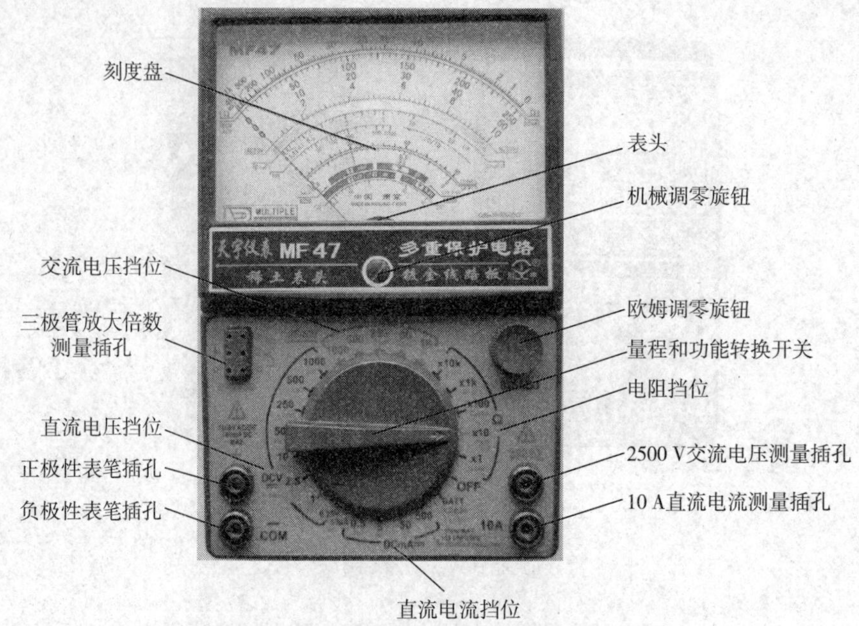

图 2-2-3　MF47 型指针式万用表面板

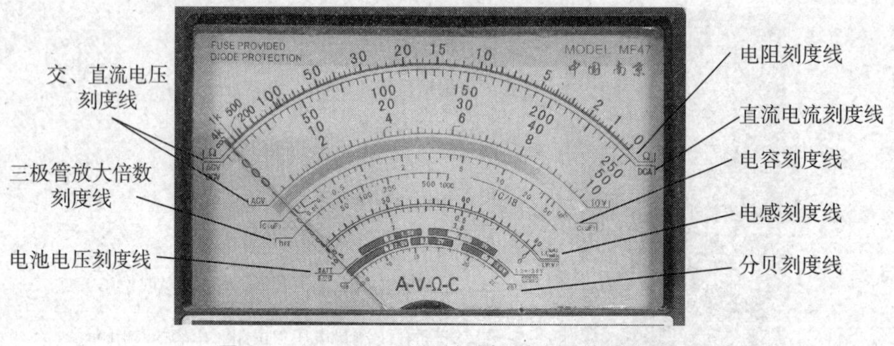

图 2-2-4　MF47 型指针式万用表表头刻度盘

读数时，目光应与表面垂直，使表指针与反光铝膜中的指针重合，确保读数的精度。测量电压、电流时先选用较大的量程，根据实际情况调整量程，最后使指针指示在满刻度线的 2/3 附近为宜。

任务实施

万用表作为一种多用途电工测量仪表，广泛应用于各类电路的常用电参数测量。掌握用万用表检测电压、电流、电阻等常用电参数的方法，是学生必备的专业基本技能。

一、使用数字式万用表测量常用电参数

1. 选择挡位

数字式万用表的挡位有直流电压挡、交流电压挡、直流电流挡、交流电流

挡、二极管挡、蜂鸣挡、电阻挡、电容挡、三极管放大倍数挡等，如图 2-2-5 所示。

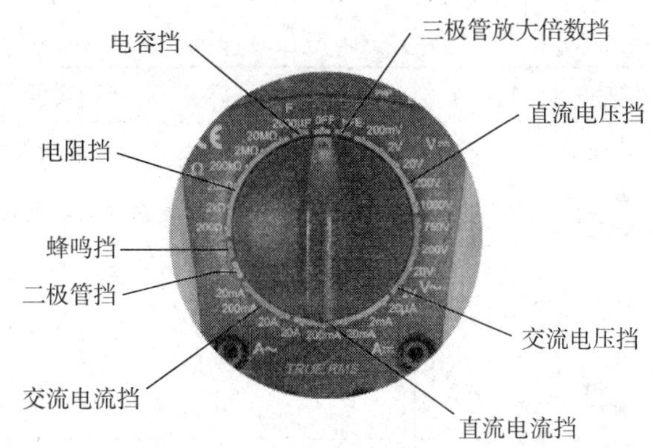

图 2-2-5　数字式万用表挡位

数字式万用表挡位详细说明见表 2-2-2。

表 2-2-2　数字式万用表挡位详细说明

序号	挡位	说明
1	二极管挡（—▶|—）	二极管挡用于测量二极管的单向导通性，显示二极管的电压降，单位为 mV
2	蜂鸣挡（·))））	通过蜂鸣声可以进行电路通断的快速判断
3	电阻挡（Ω）	电阻挡用于测量阻值的大小，测量时必须断电
4	三极管放大倍数挡（hFE）	三极管放大倍数挡用于测量三极管的放大倍数。测量时不用表笔，有三极管插孔
5	直流电压挡（V⎓）	直流电压挡用于测量直流电压，测量时将万用表并联到被测线路中，直流电压有正负极性之分，注意红、黑表笔与相应插孔对应
6	交流电压挡（V~）	交流电压挡用于测量交流电压，测量时将万用表并联到被测线路中
7	直流电流挡（A⎓）	直流电流挡用于测量直流电流，测量时将万用表串联到被测线路中，直流电流有正负极性之分，注意红、黑表笔与相应插孔对应
8	交流电流挡（A~）	交流电流挡用于测量交流电流，测量时将万用表串联到被测线路中
9	电容挡（F）	电容挡用于测量电容，测量前必须将被测电容放电

操作提示

在测量电压、电流等参数时，应先估算被测参数的数值，选择合适的量程。如果被测参数大于量程，则 LED 显示屏显示“OL”，表明量程较小，需重新选择。

数字式万用表 LED 显示屏常见符号说明见表 2-2-3。

表 2-2-3　数字式万用表 LED 显示屏常见符号说明

序号	符号	说明
1	hFE	三极管放大倍数
2		万用表内部电池电压欠压提示符
3	AC	测量交流时显示，测量直流时不显示
4	—	显示负的读数
5	♫	电路通断测量提示符
6	—▷|—	二极管测量提示符
7	H	数据保持提示符
8	!	连接端子输入接口连接提示符
9	Ω、kΩ、MΩ	电阻单位：欧、千欧、兆欧
	mV、V	电压单位：毫伏、伏
	nF、μF	电容单位：纳法、微法
	μA、mA、A	电流单位：微安、毫安、安
	℃	温度单位：摄氏度
	kHz、Hz	频率单位：千赫兹、赫兹

2. 测量直流电压

用数字式万用表测量直流电压的操作步骤见表 2-2-4。

表 2-2-4　用数字式万用表测量直流电压的操作步骤

步骤	图示	实施内容
1		将红表笔插入"VΩ ⊣⊢"插孔，黑表笔插入"COM"插孔

续表

步骤	图示	实施内容
2	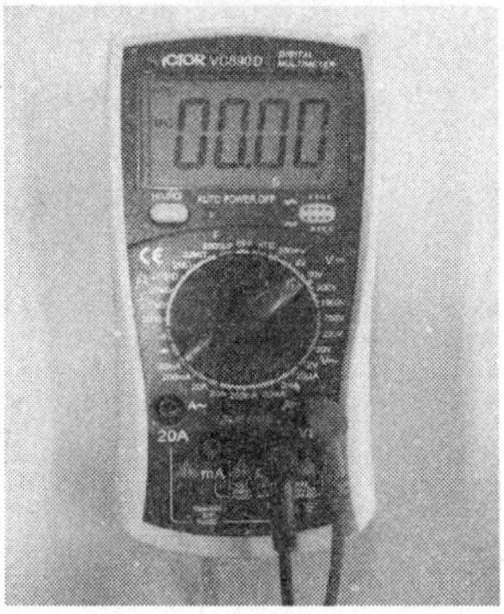	估算被测电压的大小，将量程和功能转换开关拨至“V⎓”的适当量程
3	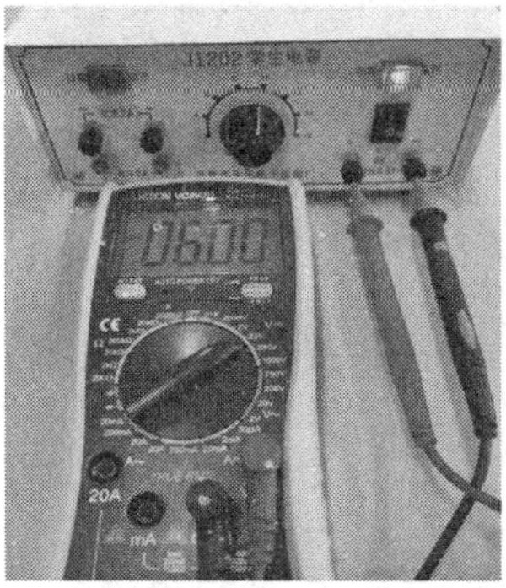	把两表笔并联在被测电路两端，将电源开关拨至“ON”位置，显示屏上即显示出被测直流电压的数值

3. 测量直流电流

用数字式万用表测量直流电流的操作步骤见表 2-2-5。

表 2-2-5　用数字式万用表测量直流电流的操作步骤

步骤	图示	实施内容
1	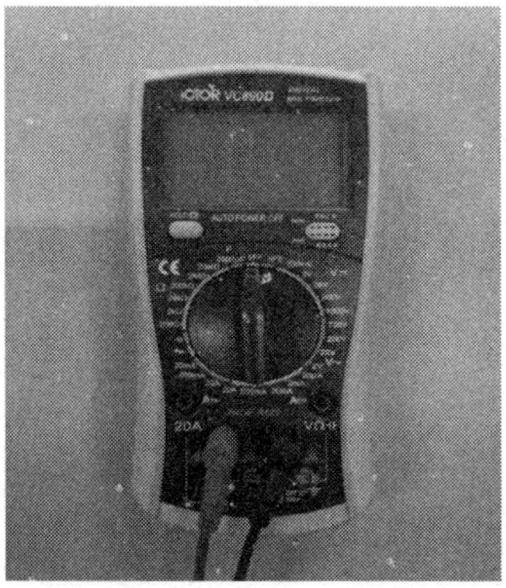	将红表笔插入“mA”插孔（电流值<200 mA）或“20 A”插孔（电流值>200 mA），黑表笔插入“COM”插孔

续表

步骤	图示	实施内容
2	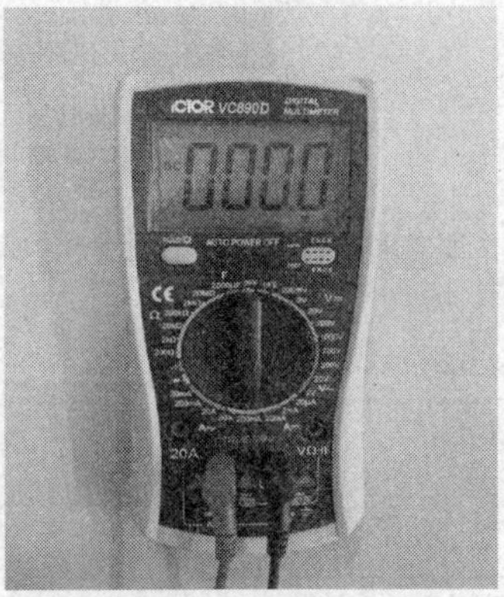	估算被测电流的大小，将量程和功能转换开关拨至“A⎓”的适当量程
3	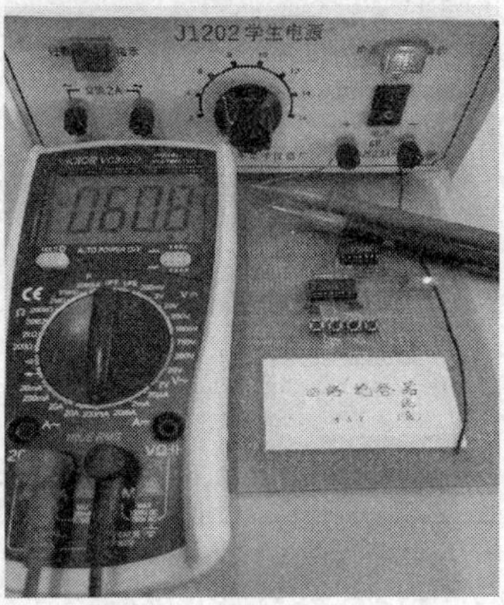	把万用表串联在被测电路中，然后将电源开关拨至“ON”位置，即可显示出被测直流电流的数值

4. 测量交流电压

用数字式万用表测量交流电压的操作步骤见表 2-2-6。

表 2-2-6　用数字式万用表测量交流电压的操作步骤

步骤	图示	实施内容
1	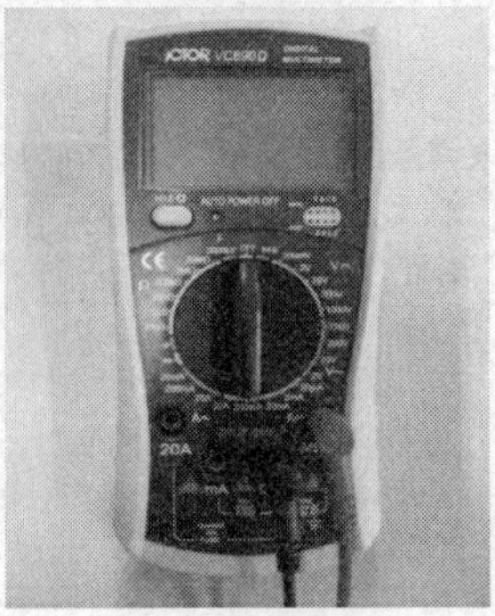	将红表笔插入“VΩ ⊣⊢”插孔，黑表笔插入“COM”插孔

续表

步骤	图示	实施内容
2	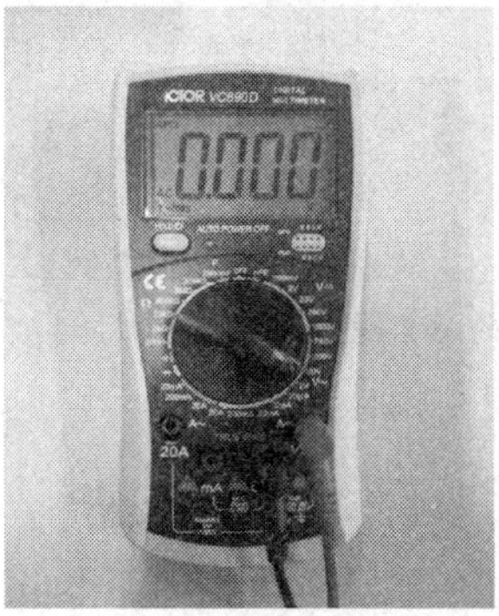	估算被测电压的大小，将量程和功能转换开关拨至“V~”的适当量程
3	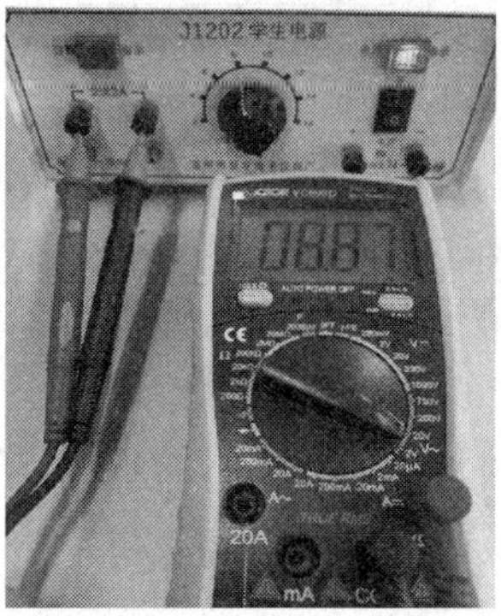	把两表笔并联在被测电路两端，然后将电源开关拨至“ON”位置，显示屏上即显示出被测交流电压的数值

5. 测量交流电流

用数字式万用表测量交流电流的操作步骤见表 2–2–7。

表 2–2–7　用数字式万用表测量交流电流的操作步骤

步骤	图示	实施内容
1		将红表笔插入“mA”插孔（电流值<200 mA）或“20 A”插孔（电流值>200 mA），黑表笔插入“COM”插孔

续表

步骤	图示	实施内容
2	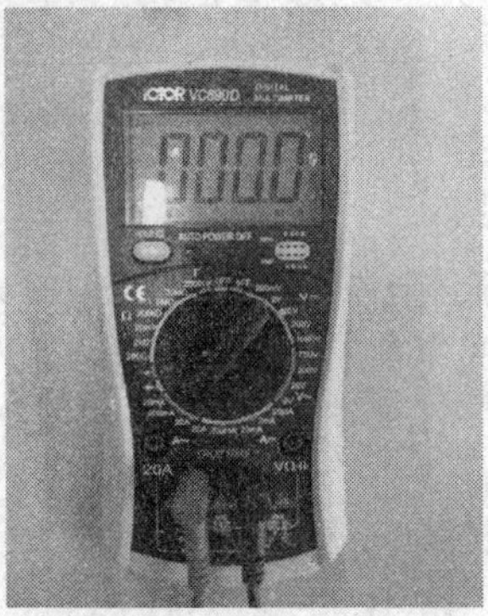	估算被测电流的大小，将量程和功能转换开关拨至“A~”的适当量程
3	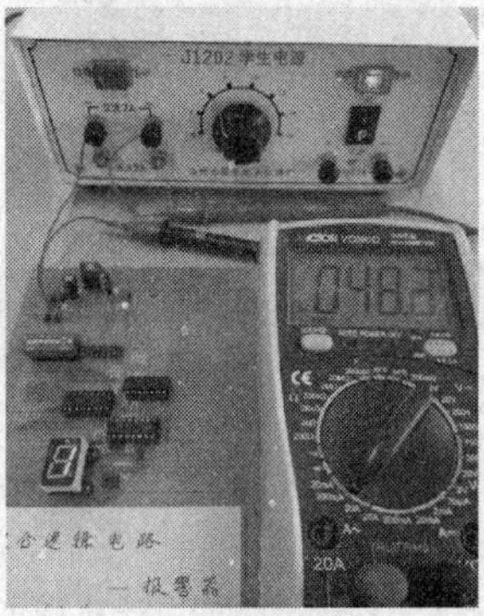	把万用表串联在被测电路中，然后将电源开关拨至“ON”位置，显示屏上即显示出被测交流电流的数值

6. 测量电阻

用数字式万用表测量电阻的操作步骤见表 2-2-8。

表 2-2-8　用数字式万用表测量电阻的操作步骤

步骤	图示	实施内容
1	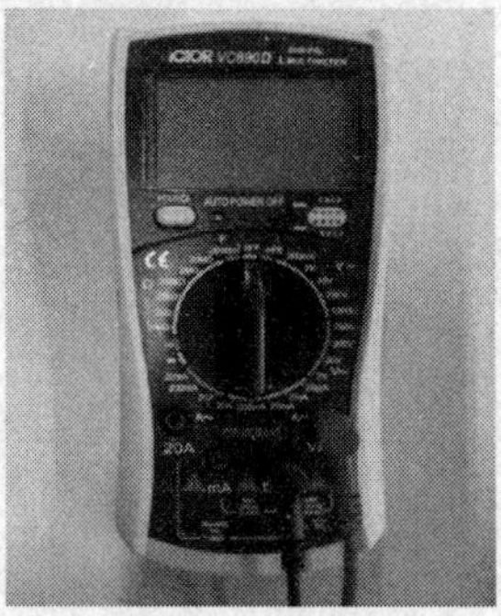	将红表笔插入“VΩ ⊣⊢”插孔，黑表笔插入“COM”插孔

续表

步骤	图示	实施内容
2	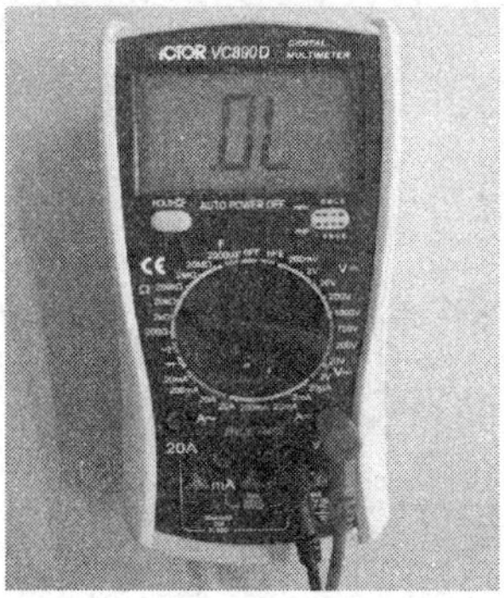	先估算被测电阻的阻值，如果无法估计，一般将转换开关拨至 $R\times100$ 或 $R\times1k$ 挡进行试测（本万用表为 $R\times200$ 或 $R\times2k$，根据实际使用的万用表确定），然后逐步降低量程，直至选择到合适的量程
3	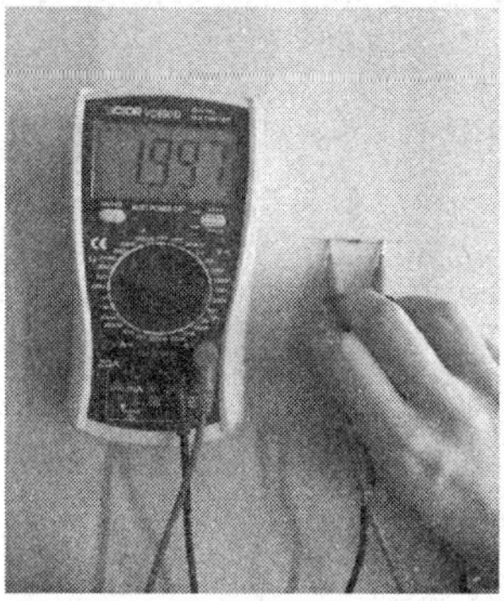	将两表笔并联在被测电阻两端，显示屏上即显示出被测电阻的阻值

7. 测量三极管放大倍数

用数字式万用表测量三极管放大倍数的操作步骤见表 2-2-9。

表 2-2-9　用数字式万用表测量三极管放大倍数的操作步骤

步骤	图示	实施内容
1		根据三极管型号确定三极管管型和管极

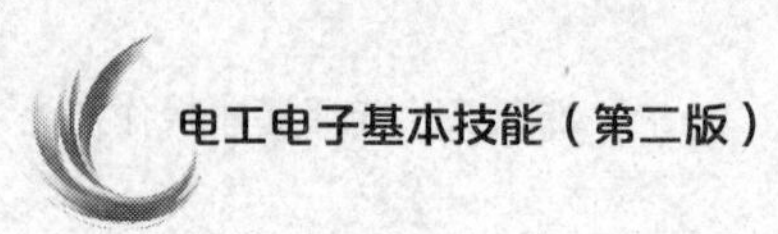

续表

步骤	图示	实施内容
2		选择三极管放大倍数测量挡位“hFE”
3		根据三极管管型和管极插入对应的插孔，读出三极管放大倍数

操作提示

使用数字式万用表的注意事项

（1）使用数字式万用表之前，应仔细阅读使用说明书，熟悉面板结构及各旋钮、插孔的作用，以免使用中发生差错。

（2）测量前，应核对量程和功能转换开关的位置及两表笔所插的插孔，无误后再进行测量。

（3）测量前，若无法估计被测量的大小，应先用最大量程测量，再根据测量结果选择合适的量程。

（4）严禁在测量高电压或大电流时拨动量程和功能转换开关，以防止产生电弧，烧毁开关触点。

（5）为延长电池的使用寿命，使用完万用表，应将其量程和功能转换开关拨至“OFF”位置。长期不用的万用表，要取出电池，防止因电池内的电解液漏出而腐蚀表内元器件。

二、使用指针式万用表测量常用电参数

1. 机械调零及量程选取

MF47 型指针式万用表的量程和功能转换开关共有五挡，分别为交流电压挡、直流电压挡、直流电流挡、电阻挡和三极管放大倍数挡，其中三极管放大倍数挡与 *R*×10 挡共用，共 24 个量程挡位。

使用指针式万用表之前应观察指针是否在零位，若指针不在零位，应用一字旋具调节机械调零旋钮，使指针回到零位，如图 2-2-6 所示。

图 2-2-6　指针式万用表机械调零

2. 测量直流电压

用指针式万用表测量直流电压的操作步骤见表 2-2-10。

表 2-2-10　用指针式万用表测量直流电压的操作步骤

步骤	图示	实施内容
1	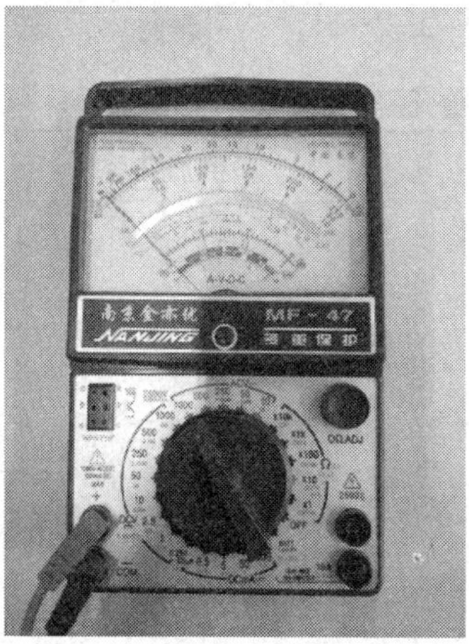	将万用表红表笔插入"+"插孔，黑表笔插入"–"插孔

续表

步骤	图示	实施内容
2		先估算被测电压的大小，将量程和功能转换开关拨至直流电压挡，选择合适的量程。当被测电压数值范围不确定时，应先选用较大的量程
3	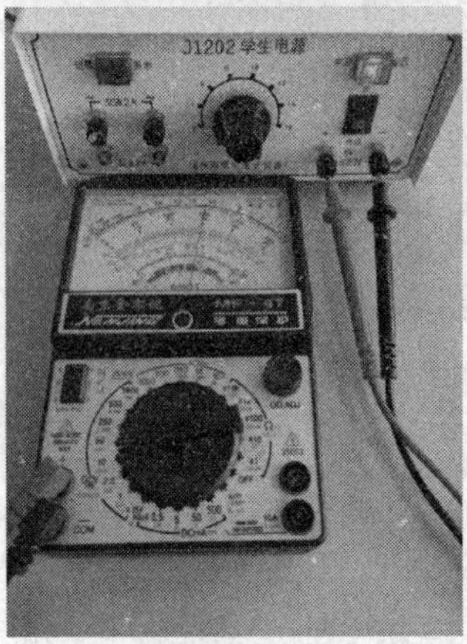	将万用表两表笔并接到被测电路中，红表笔接直流电压正极，黑表笔接直流电压负极，不能接反。根据测得的电压值，再逐步选用低量程，最后使读数在满刻度的 2/3 附近 示例中选择直流 10 V 电压挡，选择“10”刻度读数，指针指在 6，测量结果为 10 V×6/10=6 V

3. 测量交流电压

用指针式万用表测量交流电压的操作步骤见表 2-2-11。

表 2-2-11　用指针式万用表测量交流电压的操作步骤

步骤	图示	实施内容
1		测交流电压时表笔不分正负极

续表

步骤	图示	实施内容
2		先估算被测电压的大小，将量程和功能转换开关拨至交流电压挡，并选择合适的量程。当被测电压数值范围不确定时，应先选用较大的量程
3	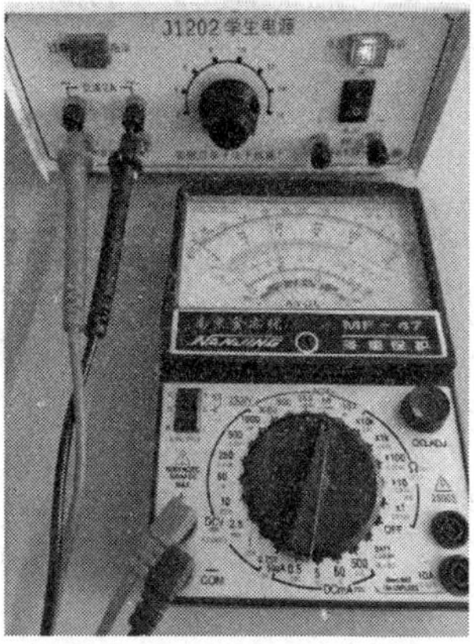	读数与测量直流电压时相似，读出的数值为交流电压的有效值 示例中选择交流 50 V 电压挡，选择“50”刻度读数，指针指在 18，测量结果为 50 V×18/50=18 V

4. 测量直流电流

用指针式万用表测量直流电流的操作步骤见表 2-2-12。

表 2-2-12　用指针式万用表测量直流电流的操作步骤

步骤	图示	实施内容
1	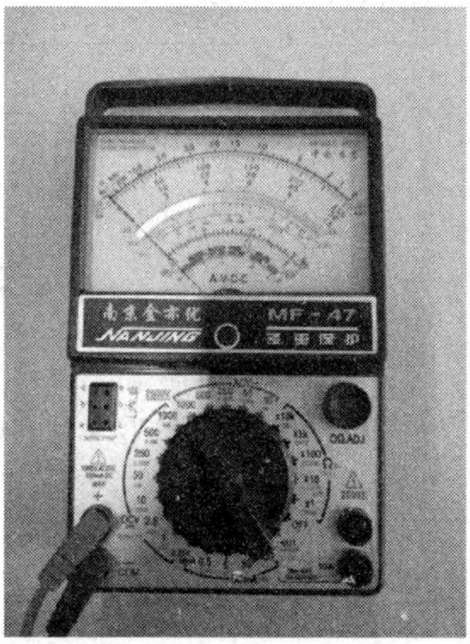	将红表笔插入“+”插孔，黑表笔插入“-”插孔

续表

步骤	图示	实施内容
2		先估算被测电流的大小，将量程和功能转换开关拨至直流电流挡，并选择合适的量程。当被测电流数值范围不确定时，应先选用较大的量程
3		把万用表两表笔串接到被测电路上，注意直流电流从红表笔流入、黑表笔流出，不能接反。根据测出的电流值，再逐步选用低量程，以保证读数的精度 示例中选择直流 500 mA 电流挡，选择“50”刻度读数，指针指在 6.8，测量结果为 500 mA×6.8/50＝68 mA

5. 测量电阻

用指针式万用表测量电阻的操作步骤见表 2-2-13。

表 2-2-13　用指针式万用表测量电阻的操作步骤

步骤	图示	实施内容
1		将红表笔插入“+”插孔，黑表笔插入“-”插孔 将红、黑表笔短接，调节欧姆调零旋钮，使指针指向欧姆刻度线的 0 位置。若不能调节到零位，说明万用表电池电量不足，应及时更换

续表

步骤	图示	实施内容
2		先估算被测电阻的阻值，如果无法估计，一般将量程和功能转换开关拨至 $R\times100$ 或 $R\times1k$ 挡进行试测。观察指针是否指在刻度线的 1/2~2/3 范围内，如果是，则挡位合适；如果指针靠近零，则要减小挡位；如果指针靠近∞，则要增大挡位
3		用红、黑表笔分别接触电阻两引脚，注意手不可碰到电阻引脚及表笔金属部分，以免接入人体电阻，引起测量误差
4		根据选择的电阻挡位和刻度线读数计算阻值： 实际阻值=欧姆刻度读数×挡位倍率 示例中选择 $R\times100$ 挡，指针指在 19.8，测量结果为 $19.8\times100\ \Omega=1\ 980\ \Omega$

6. 测量三极管放大倍数

用指针式万用表测量三极管放大倍数的操作步骤见表 2-2-14。

表 2-2-14　用指针式万用表测量三极管放大倍数的操作步骤

步骤	图示	实施内容
1		根据三极管型号确定三极管的管型和管极
2		选择三极管放大倍数测量挡位“hFE”
3		根据三极管的管型和管极，将各引脚插入对应的插孔，读出三极管放大倍数

操作提示

（1）测量时，不能用手触摸表笔的金属部分，以保证安全和测量的准确性。测电阻时，如果用手捏住表笔的金属部分，会将人体电阻并接于被测电阻而引起测量误差。

（2）测量直流量时，注意被测量的极性，避免指针反偏损坏表头。

（3）不能带电调整挡位或量程，避免量程和功能转换开关的触点在切换过程中产生电弧而烧坏电路板或电刷。

（4）测量完毕，应将量程和功能转换开关拨至交流电压最高挡或空挡位置。

（5）表内电池的正极与面板上的“−”插孔相连，负极与面板“+”插孔相连。长期不用时应将电池取出，以免电池电解液腐蚀万用表。

（6）严禁用电阻挡测电压，否则会损坏万用表。

（7）在进行高电压、大电流测量时，必须注意人身和仪表的安全。

任务 3　单控灯照明电路的安装、调试与检修

学习目标

1. 熟悉常用的照明电路元件。
2. 能正确识读照明电路电气图纸。
3. 熟悉护套线配线的要求及操作方法。
4. 能完成护套线配线单控灯照明电路的安装和调试。
5. 掌握单控灯照明电路常见故障的检修方法，并能检修常见故障。

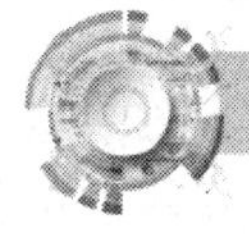

工作任务

在照明电路中，用一只单控开关控制照明灯具的控制线路称为单控灯照明电路。单控灯照明电路是照明电路中应用最广泛的一种基本电路。

本任务要求学生完成护套线配线单控灯照明电路的安装、调试与检修。完成任务需要准备的实训器材见表 2-3-1。

表 2-3-1　实训器材

项目	内容
单控灯照明电路的安装、调试与检修	常用电工工具、万用表
	螺口 LED 球泡灯、螺口平灯座、单控开关、护套线、明装接线盒、漏电保护断路器、塑料圆木、导轨、塑料线扎、紧固螺钉、绝缘胶布等

相关知识

一、单控灯照明电路元件介绍

1. LED 球泡灯

LED 球泡灯是替代传统白炽灯的一种新型节能灯具，在发光原理、节能、环保等方面都远远优于传统照明灯具。LED 球泡灯采用了原有的接口方式（螺口、插口），甚至为了符合人们的使用习惯，模仿了白炽灯的外形，安装方式也与白炽灯一致。在电参数相同的情况下，LED 球泡灯可以在原有的白炽灯灯座和线路上直接使用。常见的 LED 球泡灯的结构如图 2-3-1 所示。

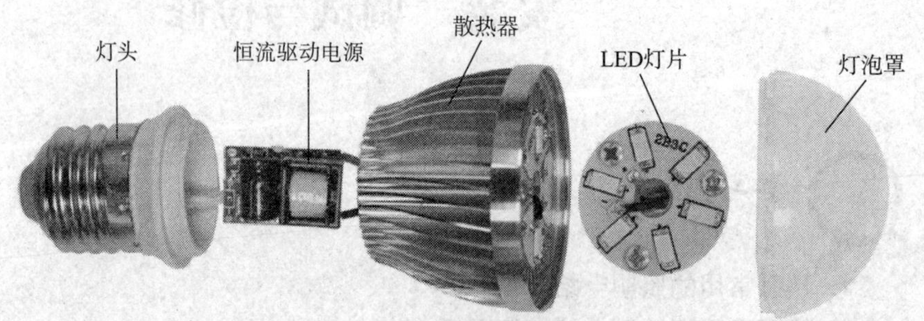

图 2-3-1　常见的 LED 球泡灯的结构

2. 开关

开关的作用是接通和断开电路，照明电路中常见的开关有按钮开关、旋钮开关、跷板开关、拉线开关等。家庭照明电路中主要使用的是各类跷板开关，见表 2-3-2。

根据开关的个数和控制线路的多少，也将开关称为“X 联 X 控开关”。

所谓“联”，又称“位”或“开”，是指在一个面板上有几个开关功能模块。“单联”就是有一个开关功能模块，“双联”就是有两个开关功能模块。

所谓“控”，即一个开关可选择性地控制几条线路。“单控”是指只能控制一条线路的通和断，单控开关有两个接线端。图 2-3-2 所示为单联单控开关。“双控”能控制两条线路的通断，但同一时间两条线路只能有一条导通，另一条断开，这两条线路不会同时接通，也不会同时断开。双控开关有三个接线端，一个公共接线端（L1），两个开关控制接线端（L2、L3）。图 2-3-3 所示为双联双控开关。

表 2-3-2　常见的跷板开关

名称	单联开关	双联开关	三联开关	四联开关
图示				

图 2-3-2　单联单控开关

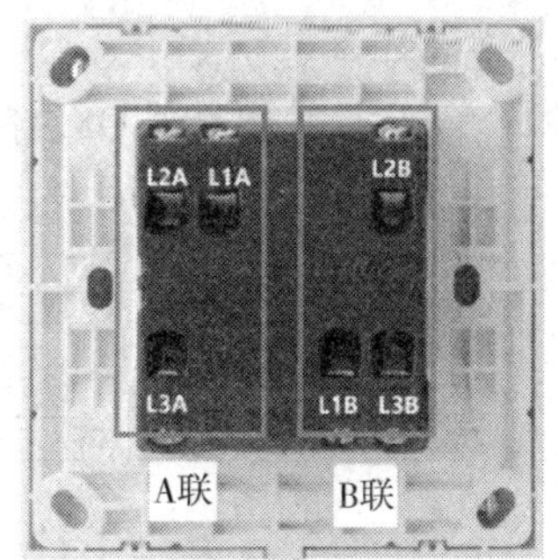

图 2-3-3　双联双控开关

双控开关可以作为单控开关使用，使用时选择公共接线端和任意一个控制接线端接线。

3. 漏电保护断路器

在低压配电系统中装设漏电保护装置是防止触电事故发生的有效措施，也可以防止因漏电而引发的电气火灾及设备损坏事故。在家庭照明系统中，常用的漏电保护装置一般为漏电保护断路器（又称漏电开关），由断路器和漏电保护装置构成，具有漏电、过载、短路保护功能，一般分为单极、两极、三极、四极，如图 2-3-4 所示。

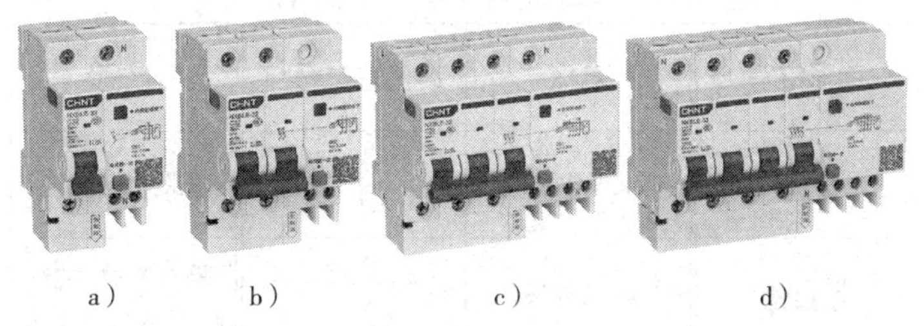

a）　b）　c）　d）

图 2-3-4　常见的家用漏电保护断路器

a）单极　b）两极　c）三极　d）四极

"极"是指漏电保护断路器在工作时能同时控制的线数，家用的电气安装中一般选用单极或两极漏电保护断路器。

二、照明电路电气图纸的识读

在电气安装作业中，对于电气线路和电气设备的原理、安装、连接等，常用各类电气图纸来表示。电气图纸的识读对于我们分析电路原理、实施电气装置和电气元件的安装布置、完成电气线路的分布连接等起着重要的作用。国家标准（GB/T 4728. 1—2018）规定的电气图纸有概略图、功能图、电路图、接线图、安装简图和网络图。电气安装中常用的是电路图、接线图和安装简图。

1. 照明电气原理图的识读

电路图也称电气原理图，是采用国家标准规定的电气图形符号和文字符号，表示系统、分系统、装置、部件、设备等实际电路的简图，采用按功能排列的图形符号来表示各元件及其连接关系，以表示功能而不需考虑项目的实体尺寸、形状或位置。

通过对电路图的分析可以了解电路的功能和工作原理。单控灯照明电路原理图如图 2-3-5 所示，电路原理分析如下。

先接通电源，合上漏电断路器 QF。闭合开关 SA，灯 EL 点亮；断开开关 SA，灯 EL 熄灭。

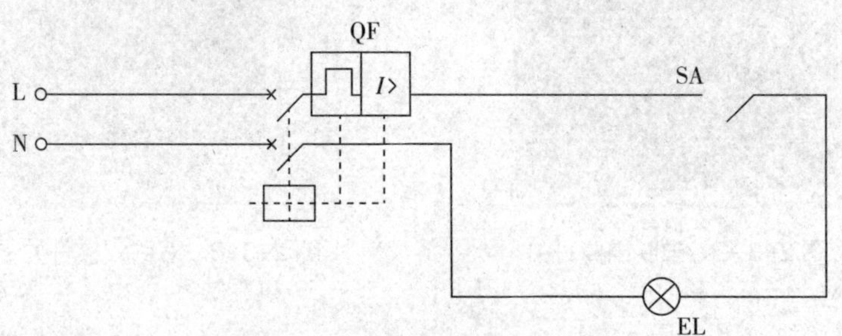

图 2-3-5　单控灯照明电路原理图

2. 照明电路电气元件符号

在各类电气图纸中都需要利用图形符号来表示电气元件，照明电路常用电气元件的图形符号见表 2-3-3。

表 2-3-3　照明电路常用电气元件的图形符号

名称	图形符号	名称	图形符号	名称	图形符号
照明配电箱		明装单极开关		暗装单相插座	
多种电源配电箱		拉线开关		暗装单相三极插座（带接地）	
电力配电箱		暗装单极开关		明装三相四极插座	

续表

名称	图形符号	名称	图形符号	名称	图形符号
事故配电箱		明装双控开关		暗装三相四极插座	
灯具的一般符号		拉线双控开关		单管荧光灯	
吸顶灯		明装双极开关		双管荧光灯	
壁灯		暗装双极开关		防爆荧光灯	
投光灯		暗装调光开关		三极开关	
花灯		明装单相插座		电能表	Wh
风扇的一般符号	∞	明装单相插座（带接地保护）		单极漏电保护断路器	

三、护套线配线的要求及操作方法

室内配线方式分为明敷和暗敷两种。

照明配线装置或导线直接沿墙、梁、柱等表面明露安装或敷设为明敷；导线利用线管、线槽等配线装置埋设于墙壁、梁、板等实体结构内部或吊顶棚内为暗敷。

1. 室内照明电路配线要求

（1）所使用导线的额定电压应大于线路的工作电压；导线的绝缘应符合线路的安装方式和敷设的环境要求；导线的截面积应能满足供电和力学强度的要求。

（2）配线时应尽量避免导线有接头，如果无法避免，则应对接头采用压接或焊接，以确保线头质量。线管和线槽内的导线严禁有接头，如有需要应将接头放在接线盒或灯头盒内。

（3）明配线路在建筑物内应水平或垂直敷设，水平敷设时导线距地面不小于 2. 5 m，垂直敷设时导线距地面不小于 2 m，否则应将导线穿在钢管内加以保护，防止机械损伤。

（4）当导线穿过楼板或墙壁时，一定要按要求加穿线管保护。通过伸缩缝时，导线敷设应有松弛；若采用硬管敷设，应采用补偿盒。

（5）导线与导线交叉时，交叉处应套绝缘管。

2. 护套线配线的操作方法

护套线敷设的施工方法简单，维修方便，线路外形整齐、美观，造价较低。但护套线截面积小，大容量电路不宜采用护套线。常用塑料线卡、塑料线扎等作为导线的支持和固定物。护套线配线的操作方法见表 2-3-4。

表 2-3-4　护套线配线的操作方法

步骤	图示	说明
定位画线		根据施工要求先确定线路的走向和各个电气元件的安装位置，然后用粉笔画线
定位元件及固定点	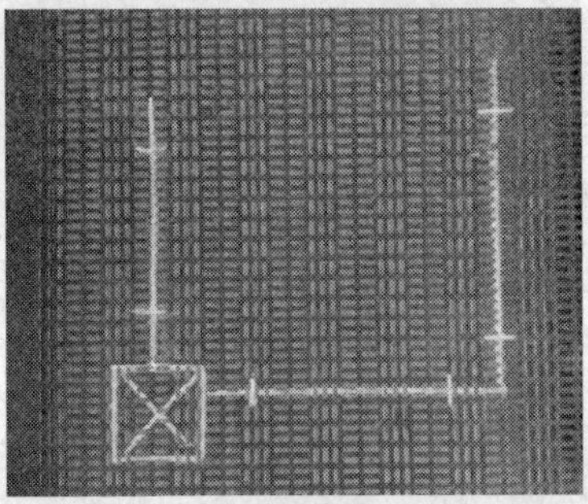	标出各元件的位置，每隔 150~300 mm 画出固定线扎的位置，距开关、插座和灯具的木台 50 mm 处都需设置线扎的固定点
放线	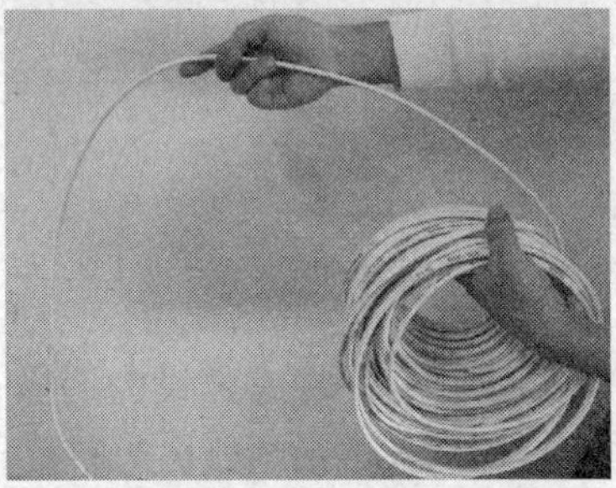	将护套线按需要放出一定的长度，用钢丝钳将其剪断后进行敷设；如果线路较长，可一人放线，另一人敷设 注意放线过程中不可使导线扭曲，放出的导线不得在地上拉拽，以免损伤导线护套层
整理导线	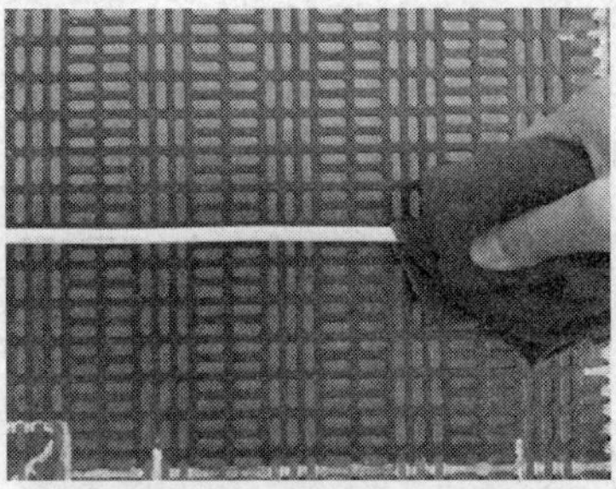	将导线一端固定，用干净的纱团包住护套线来回拖勒，直至导线挺直
敷设导线	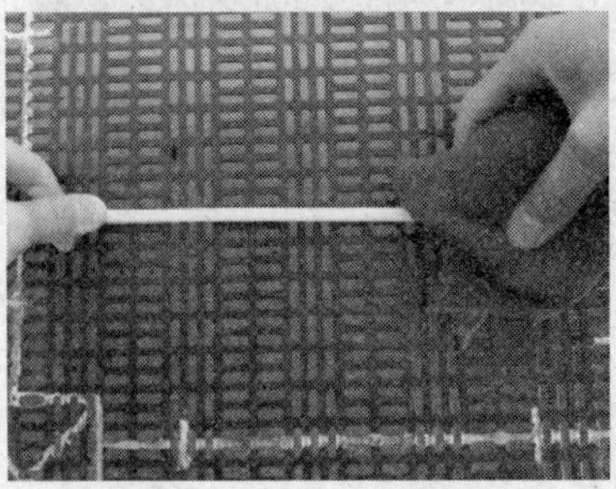	护套线的敷设必须横平竖直，先勒直收紧护套线，再固定导线

续表

步骤	图示	说明
固定导线	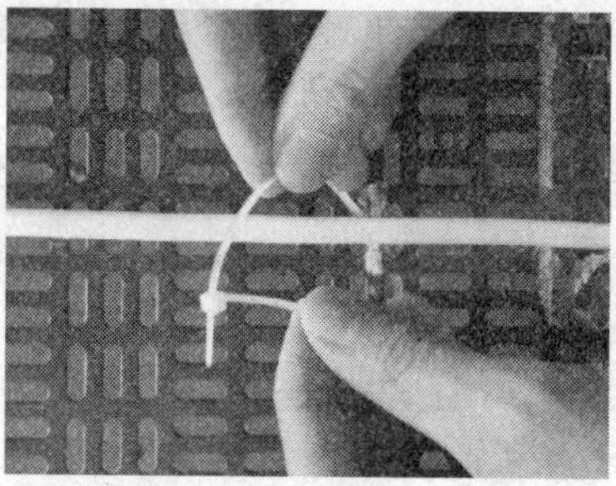	使用塑料线扎将护套线固定在固定点处。线扎收紧后，剪去多余扎带
敷设完成		敷设完成的导线应做到横平竖直、固定紧固

护套线敷设过程中一些特殊位置的固定要求见表 2-3-5。

表 2-3-5　护套线敷设固定要求

类型	进线盒	转弯	交叉
图示	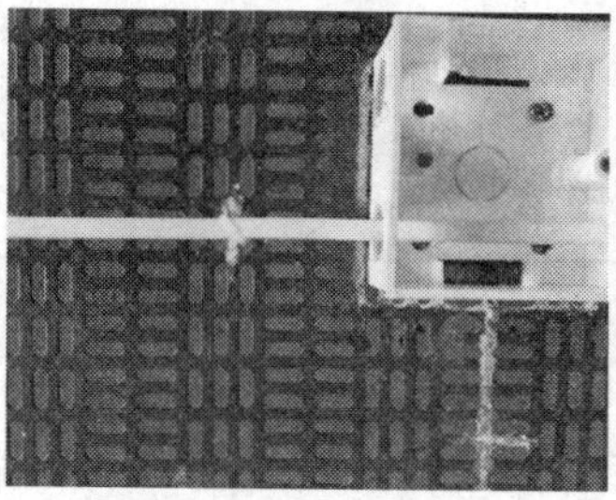	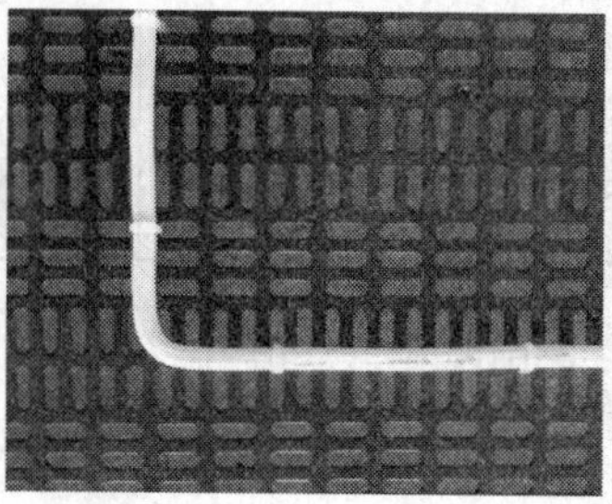	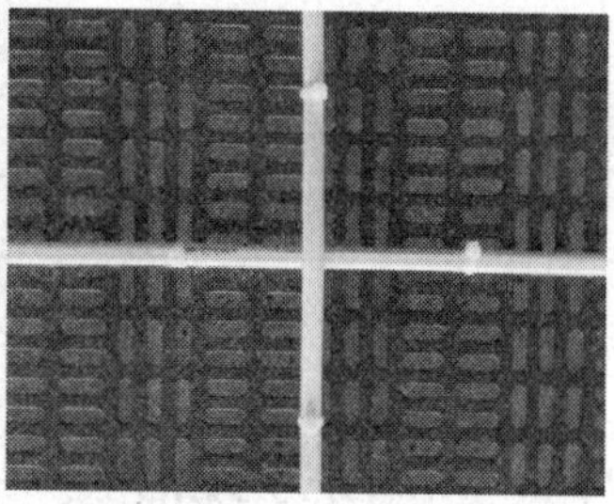
说明	在进入接线盒、木台等元件前 50~100 mm 处需固定	护套线转弯时，若弯曲半径小于导线宽度的 6 倍，转弯前后 50~100 mm 处都需固定	两根护套线相交叉时，交叉处需用 4 个线卡固定，交叉点距线卡 50~100 mm，先敷设横线，再敷设竖线

操作提示

（1）塑料护套线不得直接埋入抹灰层，也不得在室外露天场所敷设。

（2）护套线不可在线路上直接连接，可通过瓷头接头、接线盒或借用其他电器的接线柱进行连接。

（3）室内使用护套线导线的截面积，铜芯线不得小于 0.5 mm²，铝芯线不得小于 1.5 mm²。室外使用护套线导线的截面积，铜芯线不得小于 1.0 mm²，铝芯线不得小于 2.5 mm²。

（4）护套线路的离地最小距离不得小于 0.5 m，穿越楼板及离地距离低于 0.15 m 的一般护套线，应加线管保护。

四、单控灯照明电路的常见故障及其检修方法

单控灯照明电路的常见故障及其检修方法见表 2-3-6。

表 2-3-6　单控灯照明电路的常见故障及其检修方法

故障现象	产生原因	检修方法
灯不亮	（1）灯泡损坏 （2）灯座或开关接线松动或接触不良 （3）线路中有断路故障	（1）更换灯泡 （2）检查灯座及开关的接线并修复 （3）用验电笔检查线路中的断路处并修复
开关闭合后漏电保护断路器跳闸	（1）灯座线头短路 （2）螺口灯座内中心铜片与螺旋铜圈短路 （3）线路短路 （4）用电量超过容量	（1）检查灯座线头并修复 （2）检查灯座铜片并修复 （3）检查导线的绝缘性能并修复 （4）减小负载
灯泡忽亮忽灭	（1）灯泡损坏 （2）灯座或开关接线松动 （3）电源电压不稳定	（1）更换灯泡 （2）检查灯座及开关的接线并修复 （3）检查电源电压

任务实施

单控灯照明电路安装图如图 2-3-6 所示。

一、安装单控灯照明电路

1. 定位画线、固定元件

根据单控灯照明电路安装图的尺寸和要求，画出导线敷设路径和各元件的位置，并完成元件的固定。具体操作见表 2-3-7。

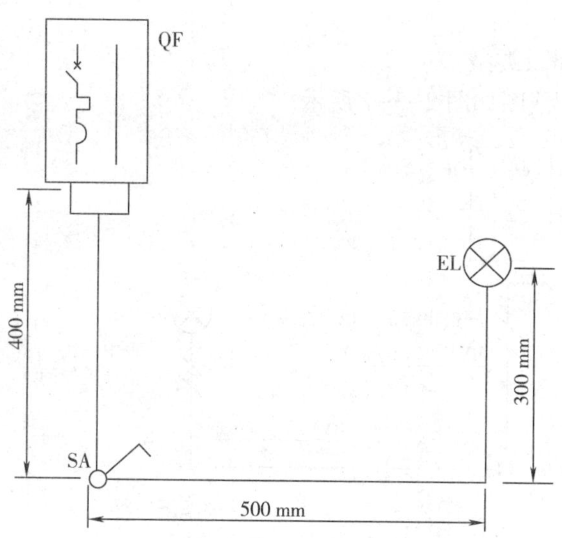

图 2-3-6　单控灯照明电路安装图

表 2-3-7　定位画线、固定元件

步骤	图示	实施内容
1		根据安装图确定元件的位置，做好标记，画出导线敷设路径
2		安装固定漏电保护断路器的导轨
3		固定接线盒

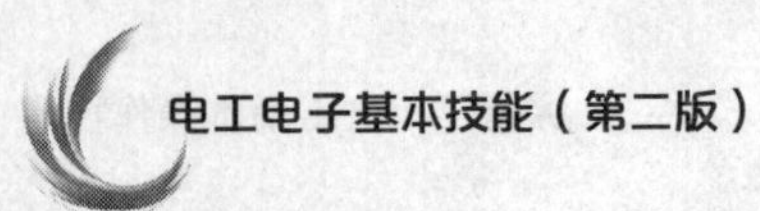

2. 护套线配线

（1）确定导线数量及类型

单控灯照明电路配线图如图 2-3-7 所示。

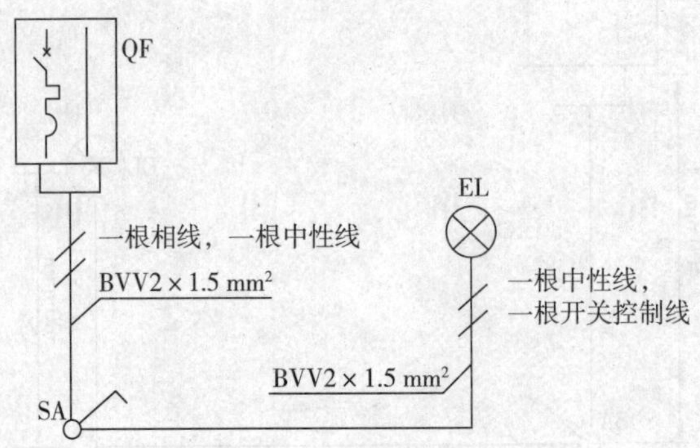

图 2-3-7　单控灯照明电路配线图

图中“//”表示此处需要敷设两根芯线，图中 BVV2×1.5 mm² 表示选用截面积为 1.5 mm² 的聚氯乙烯铜芯绝缘两芯护套线（BVV 表示聚氯乙烯铜芯绝缘护套线，2 表示两芯，1.5 mm² 表示导线的截面积）。

（2）敷设护套线

按照护套线敷设的要求完成护套线的敷设。具体操作见表 2-3-8。

表 2-3-8　敷设护套线

步骤	图示	实施内容
1		放线，在符合要求的固定点处固定护套线
2	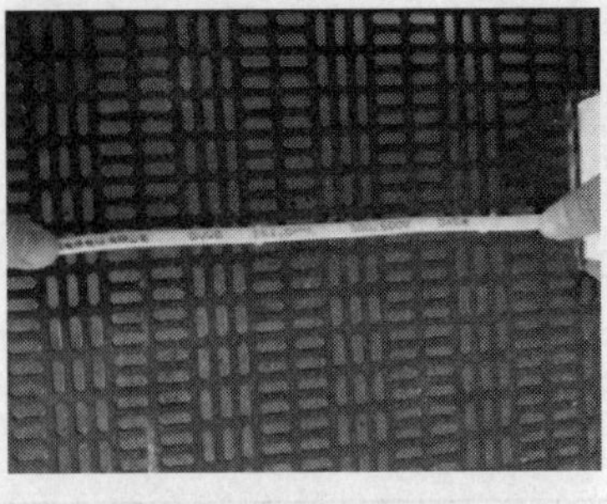	按照护套线敷设要求敷设护套线，并逐段收紧、固定

续表

步骤	图示	实施内容
3	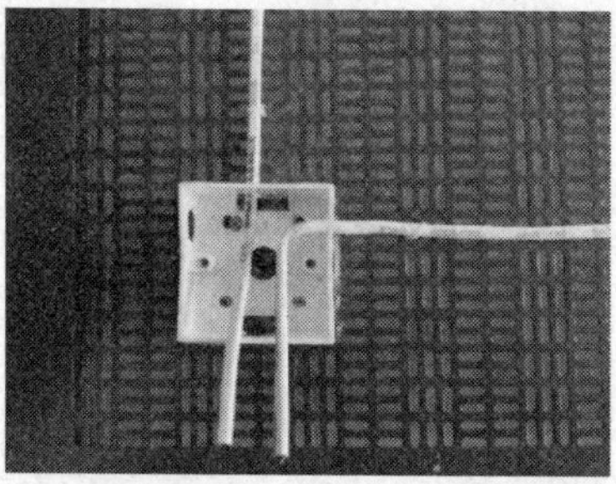	护套线进入接线盒后，预留一段接线长度并剪断护套线
4	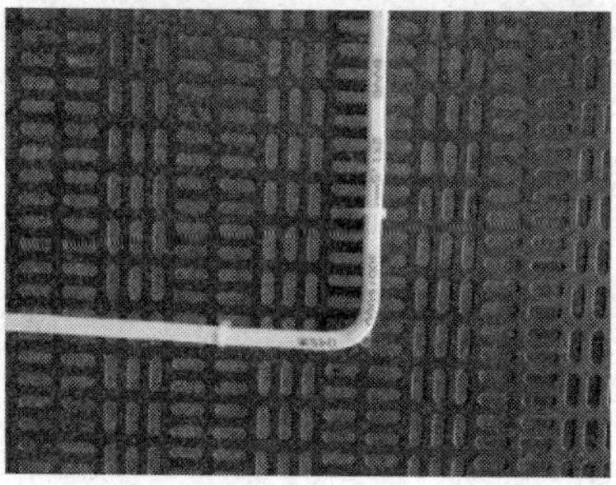	做好护套线转角敷设的处理

3. 安装元件

（1）开关的安装与连接（表 2-3-9）

表 2-3-9　开关的安装与连接

步骤	图示	实施内容
1		剥去护套层，将中性线的绝缘层去除
2	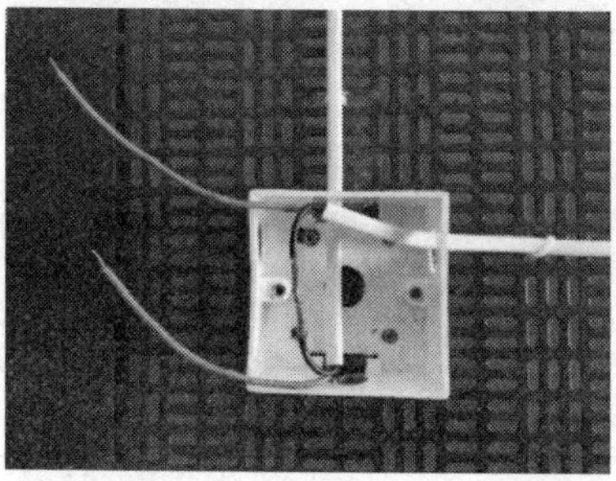	将中性线进行直接连接并做绝缘恢复处理

续表

步骤	图示	实施内容
3		剥去相线和开关控制线的绝缘层（约 10 mm）
4		将相线和开关控制线连接到开关对应的接线柱上并紧固
5		连接完成并检查
6		固定开关面板

操作提示

(1) 开关必须串接在相线上，严禁串接在中性线上，这样当开关处于断开位置时，灯头及其他元件不带电，以保证检修的安全。

(2) 去除的绝缘层不能太长，以保证安装后的接线柱处不露铜。

(2) 灯座的安装与连接（表 2-3-10）

表 2-3-10 灯座的安装与连接

步骤	图示	实施内容
1		将导线从塑料底座的过线孔穿出，将塑料底座固定在安装板上
2		确定灯座中心簧片和螺纹圈的接线柱，将护套线中的开关控制线从中心簧片接线柱旁的圆孔穿出，将护套线中的中性线从螺纹圈接线柱旁的圆孔穿出，然后使用木螺钉将灯座固定在塑料底座上
3		将护套线芯线的绝缘层去掉，并制作成连接圈

续表

步骤	图示	实施内容
4		将导线与接线柱连接好，注意开关控制线（相线）接灯座中心簧片，中性线接灯座螺纹圈
5		安装灯座上盖

操作提示

螺口平灯座有两个接线柱，来自开关的受控相线必须连接到中心簧片的接线柱上，中性线必须连接到螺纹圈的接线柱上。

（3）漏电保护断路器的安装与连接（表 2-3-11）

表 2-3-11　漏电保护断路器的安装与连接

步骤	图示	实施内容
1		去除导线护套层，并剥除绝缘层

续表

步骤	图示	实施内容
2		固定漏电保护断路器，将相线和中性线接入对应的接线柱并紧固

操作提示

（1）做到连接处不露铜，不压绝缘皮。

（2）单极漏电保护断路器上有“N”标志的接线端须接中性线。

二、调试与检修单控灯照明电路

通电前，首先根据原理图和接线图检查电路连接是否正确，检查无误后再通过万用表进行短路检查。

1. 短路检查

不安装负载（不安装 LED 球泡灯），将万用表调至 R×1 挡，将两表笔分别接触漏电保护断路器的出线端，以进行短路检查，如图 2-3-8 所示。拨动开关 SA，万用表读数无变化，此时阻值应为∞，数字式万用表显示屏显示为“1”。若拨动开关 SA 后万用表显示有读数，说明线路或开关连接有误，应检查线路并排除故障。

图 2-3-8　短路检查

2. 通电试验

通过短路检查后，方可进行通电试验。

安装 LED 球泡灯，闭合漏电保护断路器 QF，接通电源，拨动开关 SA，此时 LED 球泡灯应在开关 SA 的控制下亮或灭，如图 2-3-9 所示。

图 2-3-9　单控灯照明电路通电试验

3. 故障检修

照明电路在运行中，会因为各种原因而出现一些故障，对于故障的检修分为四个步骤，具体见表 2-3-12。

表 2-3-12　照明电路故障的检修步骤

步骤	说明
了解故障现象	在故障发生后，首先必须了解故障现象。通过询问现场当事人、查看故障现场等方法了解故障现象，这是保证整个检修工作顺利进行的前提条件
分析故障原因	根据故障现象，利用电气原理图、接线图、布置图等电气图纸分析故障发生的可能原因，确定故障线路、元件的范围，为检修提供方案
实施检修	根据分析的故障范围和检修的初步方案，通过各类检测手段（如万用表、验电笔等）确定故障点，针对明确的故障元件或故障线路进行维修或更换
调试及结果记录	检修完成后，不通电检查线路或元件，检查无误再进行通电检查。通电检查无误后做好故障情况及检修记录，完成故障检修工作

结合上述检修步骤以及单控灯照明电路的常见故障及其检修方法，完成单控灯照明电路的检修，并记录检修过程中遇到的问题。

任务 4　双控灯照明电路的安装、调试与检修

学习目标

1. 了解双控 LED 吸顶灯照明电路元件。
2. 掌握双控灯照明电路的工作原理。
3. 熟悉线槽配线的要求及操作方法。
4. 能完成线槽配线双控灯照明电路的安装和调试。
5. 掌握双控灯照明电路常见故障及其检修方法，并能检修常见故障。

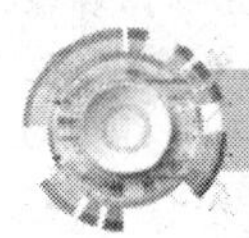

工作任务

本任务要求学生完成线槽配线双控 LED 吸顶灯照明电路的安装、调试与检修。

完成任务需要准备的实训器材见表 2-4-1。

表 2-4-1　实训器材

项目	内容
双控灯照明电路的安装、调试与检修	常用电工工具、万用表
	线槽及附件、LED 吸顶灯组件、漏电保护断路器、双控开关、三孔插座、明装接线盒、塑料铜芯线、螺钉、绝缘胶布等

相关知识

一、双控灯照明电路元件介绍

1. 吸顶灯

因这类灯具上方较平，安装时底部完全贴在屋顶，所以称为吸顶灯。常见的吸顶灯有普通的白炽灯、荧光灯、LED 灯、高强度气体放电灯、卤钨灯等，不同光源的吸顶灯适用

于不同的场合。如普通的白炽灯、荧光灯、LED 灯类吸顶灯主要用于住宅、教室、办公楼等空间层高低于 4 m 的场所照明；功率和光源体积较大的高强度气体放电灯类吸顶灯主要用于体育场馆、大卖场及厂房等层高在 4~9 m 的场所照明。

目前在住宅、办公楼、文娱场所等使用的吸顶灯主要是 LED 吸顶灯。LED 吸顶灯由底板、恒流驱动电源、LED 灯片、灯罩等组成，见表 2–4–2。根据底板和灯罩的形状不同，LED 吸顶灯可以分为圆形、方形、异形吸顶灯等，如图 2–4–1 所示。

表 2–4–2 LED 吸顶灯的组成

名称	图示	说明
底板		底板根据形状一般设计为旋口或者卡口，一般用铁质或不锈钢材料制成，甚至用镀锌材料制成，用于固定灯具。底板上面钻有很多小孔，便于散热。底板不可固定在可燃物体上
恒流驱动电源		恒流驱动电源可将交流电变为直流电，给 LED 灯片供电。恒流驱动电源可以在输入市电电压变化时，保持输出电流不变，也可以消除由于 LED 负温度系数所引起的电流增大
LED 灯片		LED 灯片由贴片式小功率 LED 灯珠构成，便于散热，也可以提高发光的均匀度。灯珠可以按照灯具的外形排列成灯片，如用于圆形吸顶灯的圆形灯片，用于方形吸顶灯的条形灯片等
灯罩		灯罩通常采用 PC 板（聚碳酸酯板）旋口设计，具有透光性好、散热性好、抗撞击、防紫外线、质量轻、阻燃等特点

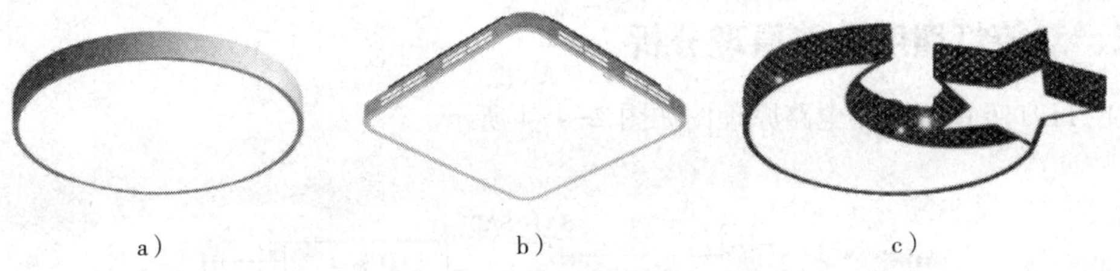

a）　　b）　　c）

图 2-4-1　各种形状的 LED 吸顶灯

a）圆形吸顶灯　b）方形吸顶灯　c）异形吸顶灯

2. 插座

插座是指有一个或一个以上电路接线可插入的底座。常见的插座有固定式插座、移动式插座、多位插座、器具插座等多种类型。根据安装与使用方法不同，插座可分为明装、暗装、半暗装、镶板式、台式（1 位或多位）等多种形式。常见的家用插座主要是墙面插座（固定式多位插座）、移动式插座等，近年来又出现了在固定式插座中添加 USB 接口的多功能插座，如图 2-4-2 所示。

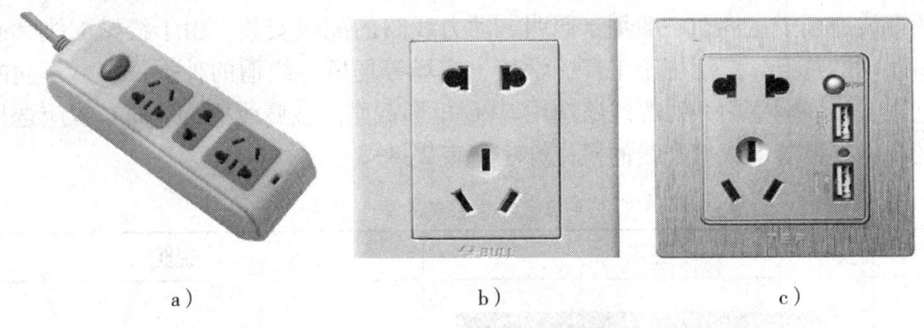

a）　　b）　　c）

图 2-4-2　常见的家用插座

a）移动式插座　b）五孔墙面插座　c）多功能插座

插座的接线按照接线柱的标注进行。“L” 标记的接线柱连接相线；“N” 标记的接线柱连接中性线；“⏚” 或 “PE” 标记的接线柱连接地线，如图 2-4-3 所示。正确连接后，插座的插孔应是“左零右火上地”（从插座正面看），即左孔与电源中性线连接，右孔与电源相线连接，上孔与地线连接。

图 2-4-3　插座接线柱标记

二、双控灯照明电路原理分析

双控 LED 吸顶灯照明电路原理图如图 2-4-4 所示。

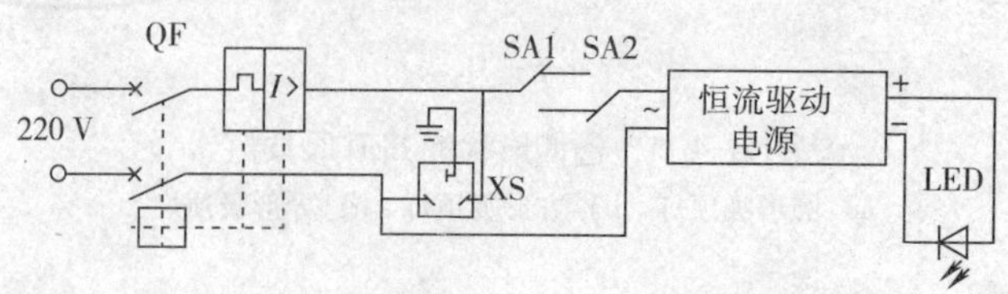

图 2-4-4　双控 LED 吸顶灯照明电路原理图

合上漏电保护断路器 QF，接通电源，插座 XS 得电，LED 吸顶灯的亮灭由开关 SA1 和 SA2 共同控制。拨动开关 SA1 或 SA2 中的任意一个，LED 吸顶灯点亮，再一次拨动开关 SA1 或 SA2，LED 吸顶灯熄灭。

三、线槽配线的要求及操作方法

线槽配线适用于室内，一般用于照明、动力线路的配线安装。由于线槽配线具有施工方便、易改动的特点，广泛用于工厂、学校、商场等场所。线槽的种类很多，不同的场合应合理选用，如一般室内照明等线路选用 PVC 矩形截面的金属线槽；地面布线应选用带弧形截面的金属线槽等。线槽配线的操作方法见表 2-4-3。

表 2-4-3　线槽配线的操作方法

步骤	图示	说明
定位画线		根据施工要求确定元件的安装位置，做好记号，画出线路走向及线槽固定位置 槽板底板固定点间的直线距离不大于 500 mm，起始、终端、转角、分支等处固定点间的直线距离不大于 50 mm（方法同护套线画线）
固定线槽底板		测量敷设路径的长度，截取合适长度的线槽

续表

步骤	图示	说明
固定线槽底板	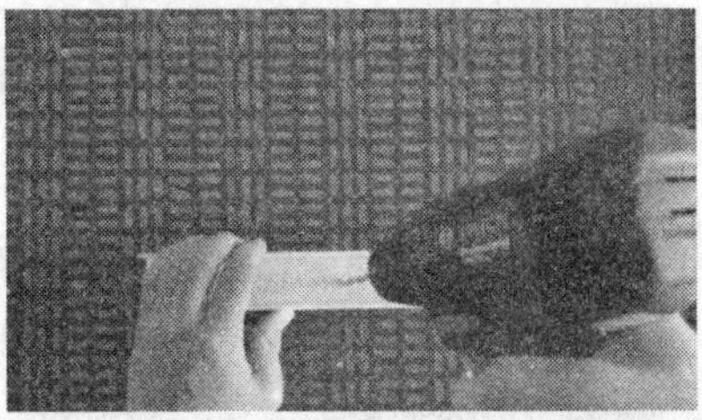	在线槽底板的固定位置处标注、钻孔
	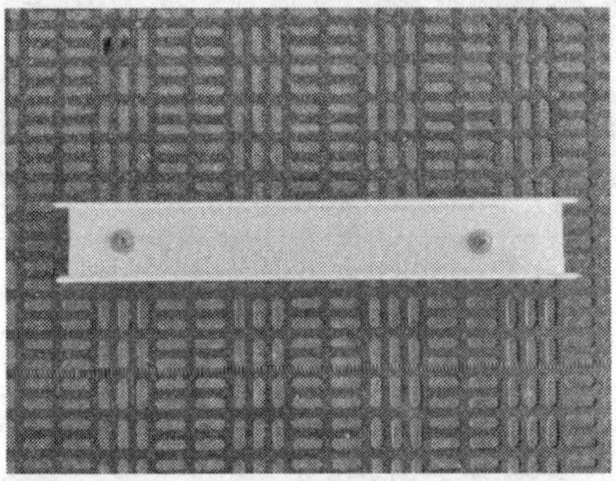	用螺钉固定线槽底板
		完成线槽底板的安装
敷设导线	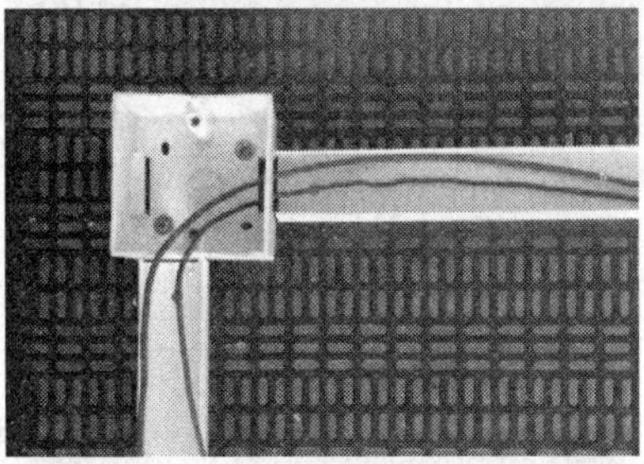	根据室内照明配线要求在线槽中敷设导线，每一段线槽的导线敷设完成后应及时盖上线槽盖板并加以固定
		按照从电源到元件的顺序完成导线的敷设

线槽特殊连接的处理方法见表 2-4-4。

表 2-4-4　线槽特殊连接的处理方法

连接类型	直线拼接	转角	T 形连接
图示			
说明	直线拼接时，注意线槽保持直线，拼接位置紧密、整齐，在距接缝 50 mm 处用螺钉紧固	转角时，将两线槽对接处锯成 45°，拼接后两线槽夹角为 90°。拼接位置紧密、整齐，在距接缝 50 mm 处用螺钉紧固	将干线线槽沿中线锯出如图所示的 90° 缺口，再将分支线槽也沿中线锯出 90° 尖角，拼接后干线线槽和支线线槽相互垂直。拼接位置紧密、整齐，在距接缝 50 mm 处用螺钉紧固

四、双控灯照明电路的常见故障及其检修方法

双控灯照明电路的常见故障及其检修方法见表 2-4-5。

表 2-4-5　双控灯照明电路的常见故障及其检修方法

故障现象	产生原因	检修方法
LED 灯不亮	（1）电路中无电压 （2）恒流驱动电源损坏 （3）LED 灯片贴片硫化	（1）用万用表检查电路是否断路或接触不良，并修复 （2）更换恒流驱动电源 （3）更换新 LED 灯片
LED 灯亮度变暗	（1）个别 LED 灯珠烧毁 （2）较多的 LED 灯珠烧毁 （3）恒流驱动电源损坏	（1）将损坏的灯珠的两根灯脚短接或者更换新的灯珠 （2）更换新的 LED 灯片 （3）更换恒流驱动电源
关灯后 LED 灯闪烁	（1）开关接线错误，未断开相线 （2）电路中的自感电流造成 LED 灯闪烁	（1）检查开关是否控制相线的通断，如果接线错误，调换接线 （2）换成白炽灯或将 220 V 继电器线圈串联到电路中吸收感应电流

任务实施

双控灯照明电路安装图如图 2-4-5 所示。

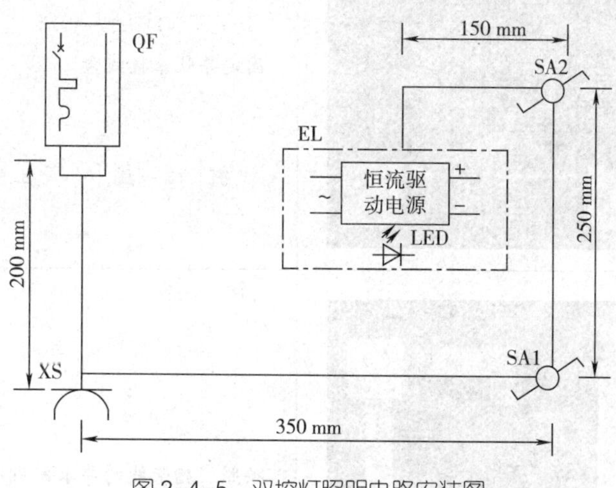

图 2-4-5　双控灯照明电路安装图

一、安装双控灯照明电路

1. 定位画线

根据双控灯照明电路安装图的尺寸和要求，画出导线敷设路径和各元件的位置，并完成元件和线槽底板的固定。具体操作步骤见表 2-4-6。

表 2-4-6　定位画线

步骤	图示	实施内容
1		根据安装图确定元件的位置，做好标记，画出导线敷设路径

续表

步骤	图示	实施内容
2		固定导轨、接线盒
3		按照线槽配线的要求完成底板的安装和固定

2. 配线

（1）确定导线数量及颜色

双控灯照明电路配线图如图 2-4-6 所示。

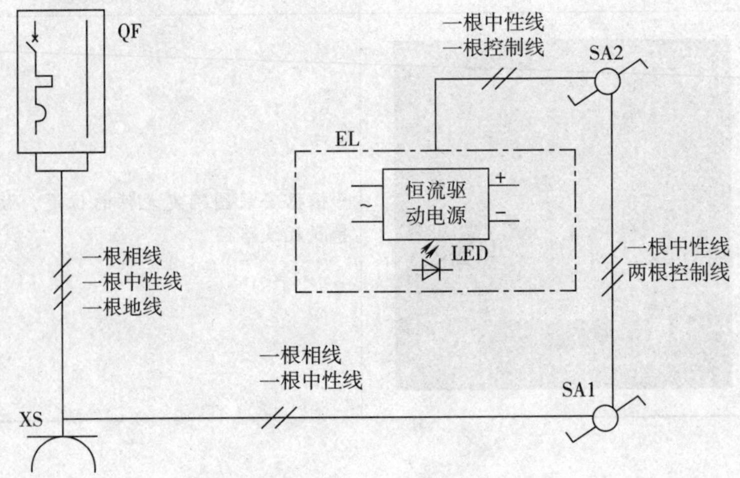

图 2-4-6　双控灯照明电路配线图

配线时，应注意不同功能的导线选用不同颜色以示区别。相线选用黄色、绿色、红色，中性线选用蓝色，地线选用黄绿双色。

（2）敷设导线

按照室内照明电路配线要求和槽板配线的要求完成导线的敷设，具体操作见表2-4-7。

表2-4-7　敷设导线

步骤	图示	实施内容
1	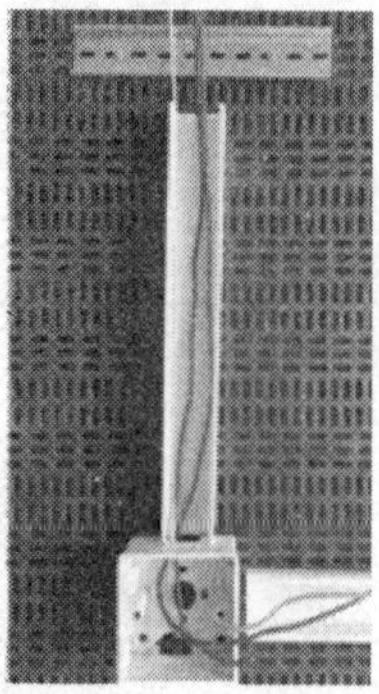	完成漏电保护断路器QF与插座XS之间的导线敷设，敷设三根导线：一根相线、一根中性线、一根地线
2		完成插座XS与开关SA1之间的导线敷设，敷设两根导线：一根相线、一根中性线
3	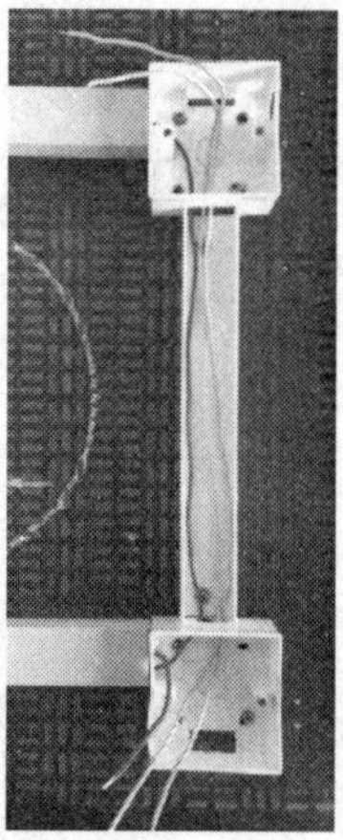	完成开关SA1与SA2之间的导线敷设，敷设三根导线：一根中性线、两根控制线

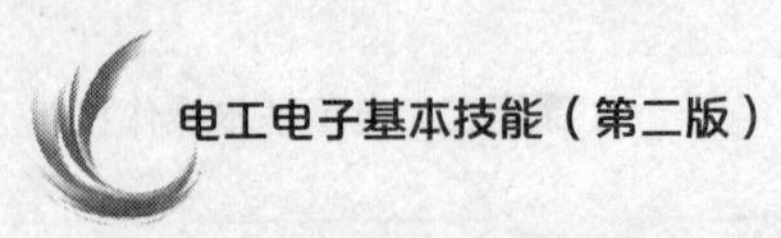

续表

步骤	图示	实施内容
4		完成开关 SA2 与 LED 吸顶灯 EL 之间的导线敷设：一根中性线、一根负载控制线

3. 安装元件

（1）漏电保护断路器、插座、双控开关的安装与连接（表 2-4-8）

表 2-4-8　漏电保护断路器、插座、双控开关的安装与连接

步骤	图示	实施内容
1		固定漏电保护断路器后将相线和中性线接入对应的接线柱并紧固，将黄绿双色接地线连接到接地桩上
2		按照需求长度去除导线绝缘层，并将需要连接在同一个接线端的两根导线绞合在一起
3		按照插座接线柱的标注，将三根导线分别接入对应的接线柱并紧固

续表

步骤	图示	实施内容
4		将插座固定在接线盒上，并盖好盖板
5		按照双控开关接线柱的标注，将相线接入开关 SA1 的中心公共接线柱 L1，将负载控制线接入开关 SA2 的中心公共接线柱 L1，将 SA1 和 SA2 的两个控制接线柱 L2 和 L3 通过控制线两两对接
6		将开关固定在接线盒上，并盖好盖板

操作提示

两个双控开关 SA1 和 SA2 中心公共接线柱 L1 的导线连接不能错误，如果将 L1 与 L2、L3 的导线连接错误，电路将无法实现双控功能。

（2）LED 吸顶灯的安装与连接（表 2-4-9）

表 2-4-9　LED 吸顶灯的安装与连接

步骤	图示	实施内容
1		将恒流驱动电源的导线穿过底板穿线孔后，用螺钉将恒流驱动电源固定在底板上

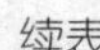
续表

步骤	图示	实施内容
2		用螺钉将吸顶灯底板固定在网孔板的指定位置
3		将控制线和中性线分别与恒流驱动电源的输入端连接，并用绝缘胶布将接头处恢复绝缘
4		在 LED 灯片上完成磁铁螺钉的安装
5		将恒流驱动电源的输出导线与 LED 灯片插座连接

续表

步骤	图示	实施内容
6		将 LED 灯片利用磁铁螺钉吸附在底板中央
7		旋上灯罩，完成安装

操作提示

安装恒流驱动电源与 LED 灯片时，要注意正负极相对应，输出导线插头与灯片插座一般采用卡口配合，方向不正确将无法插入。

二、调试与检修双控灯照明电路

1. 短路检查

通电前，先根据原理图和接线图检查电路连接是否正确，检查无误后使用万用表进行短路检查，如图 2-4-7 所示。

2. 通电试验

通过短路检查后，方可进行通电试验。

接通电源，拨动 SA1 或 SA2 中任一开关都能控制 LED 吸顶灯的亮和灭，如图 2-4-8 所示。

用验电笔测试插座的右孔（电源相线连接的插孔），应发光，如图 2-4-9 所示。用万用表测量插座电压，应为 220 V 左右，如图 2-4-10 所示。

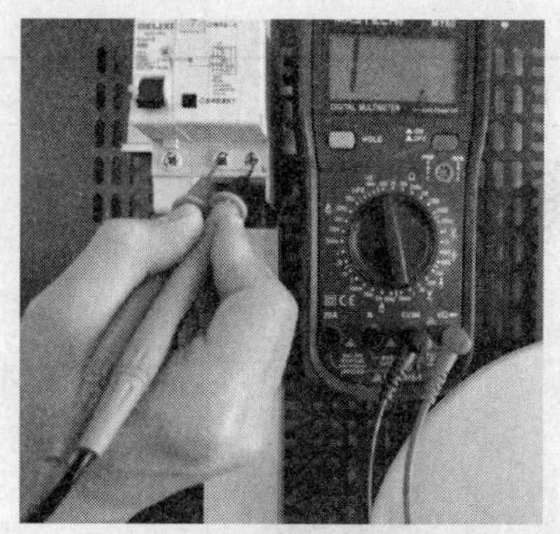

图 2-4-7　短路检查

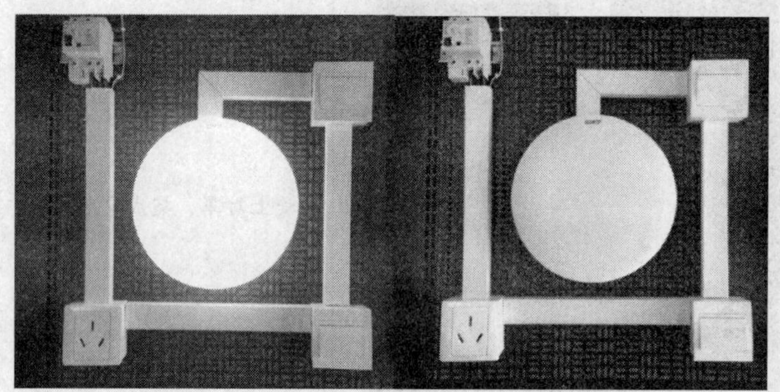

图 2-4-8　双控开关控制 LED 吸顶灯的亮和灭

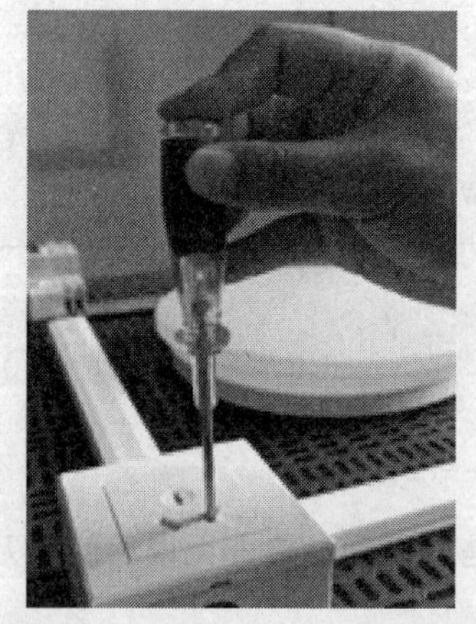

图 2-4-9　用验电笔测试插座极性

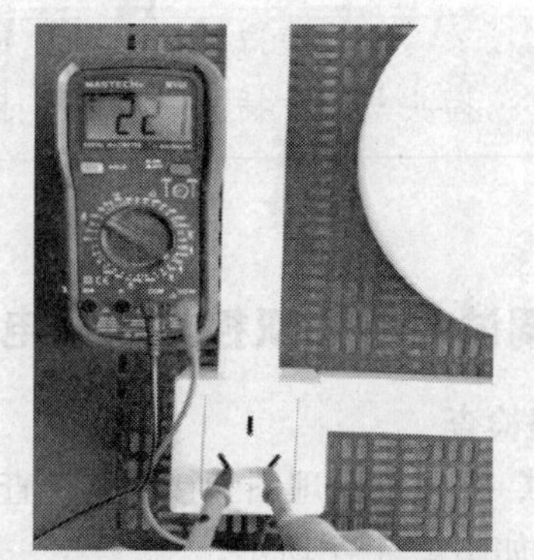

图 2-4-10　用万用表测量插座电压

3. 故障检修

结合照明电路故障的检修步骤以及双控灯照明电路的常见故障及其检修方法，完成双控灯照明电路的检修，并记录检修过程中遇到的问题。

任务 5　综合照明电路的安装、调试与检修

学习目标

1. 了解综合照明电路元件。
2. 熟悉线管配线要求和室内照明电路安装规范。
3. 掌握综合照明电路的工作原理。
4. 能完成综合照明电路的安装、调试与检修。

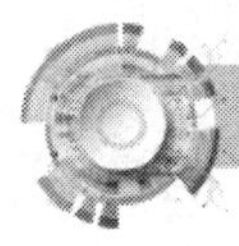

工作任务

一般室内照明，如办公室、教室、商场等场合，会出现多种不同类型的照明、供电设备综合在一起安装布线的情况。

本任务要求学生掌握线管配线技能，在学会前两个照明电路安装、调试与检修的基础上，学会室内综合照明电路的安装、调试与检修方法。

完成任务需要准备的实训器材见表 2-5-1。

表 2-5-1　实训器材

项目	内容
综合照明电路的安装、调试与检修	常用电工工具、万用表
	线管及附件、漏电保护断路器、单极断路器、单联单控开关、双联双控开关、插座、LED 日光灯套件、LED 吸顶灯组件、螺钉、导线、电能表、配电箱等

相关知识

一、综合照明电路元件介绍

1. LED 日光灯

LED 日光灯俗称 LED 直管灯，是传统荧光灯的替代品。LED 日光灯外形尺寸和安装方

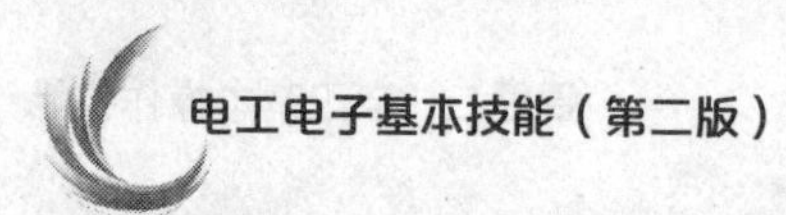

式与传统荧光灯近似，但发光源是由 LED 灯珠构成的灯片，由恒流驱动电源供电，无须镇流器和启辉器。LED 日光灯启动快、功率小、无频闪、不容易让人产生视疲劳、节能环保，是国家绿色节能 LED 照明市场工程重点开发的产品之一。

按照外形结构，LED 日光灯分为灯管式和一体式。灯管式 LED 日光灯外形与荧光灯灯管一样，恒流驱动电源内置在灯管内，安装时可以直接使用原有的荧光灯外壳、灯座等固定件，将原有的荧光灯灯管取下换为灯管式 LED 日光灯，去掉电路中的镇流器和启辉器，将 220 V 交流市电直接连接到 LED 日光灯引脚的灯座即可使用。一体式 LED 日光灯将外壳、灯片、电源等部件集成在一体，可以直接安装。现在市场上使用较多的是一体式 LED 日光灯。灯管式和一体式 LED 日光灯如图 2-5-1 所示。

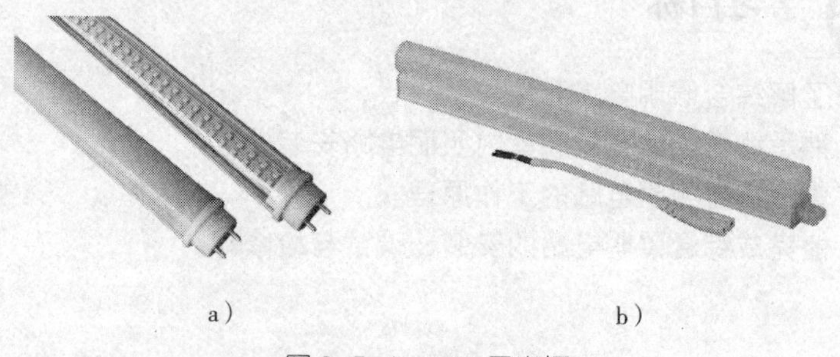

a） b）

图 2-5-1 LED 日光灯
a）灯管式 b）一体式

一体式 LED 日光灯的安装步骤见表 2-5-2。

表 2-5-2 一体式 LED 日光灯的安装步骤

步骤	图示	说明
1		在 LED 日光灯安装固定位置安装灯卡
2		将 LED 电源连接线插头插入 LED 日光灯电源插座
3		将 LED 日光灯连接线另一端两根导线分别与电源的相线、中性线连接，并恢复绝缘

续表

步骤	图示	说明
4		将 LED 日光灯卡入固定的灯卡，完成安装

2. 电能表

电能表又称电度表或火表，是计量电能的仪表，它能测量某一段时间内电路所消耗的电能。电能表分为有功电能表和无功电能表两种，有功电能表又分为单相电能表和三相电能表。图 2–5–2 所示是常见的几种单相电能表。

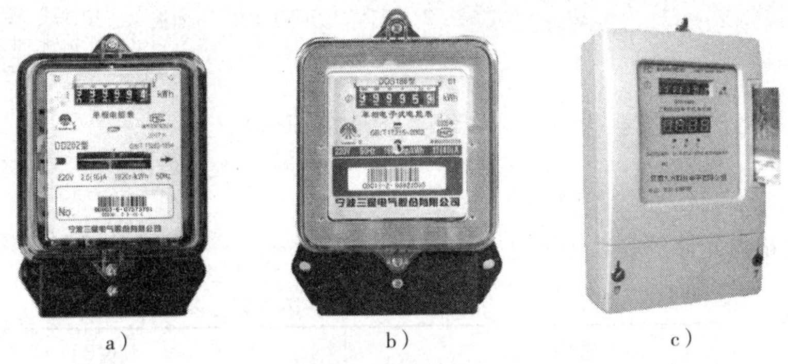

a）　　b）　　c）

图 2–5–2　单相电能表

a）感应式　b）电子式　c）预付费式

单相电能表配有接线盒，电能表的接线图一般绘制在接线盒盖的背面，在接线盒内设有 4 个接线端子，接线时，一般按照 1、3 接电源进线，2、4 接负载出线接线，如图 2–5–3 所示。

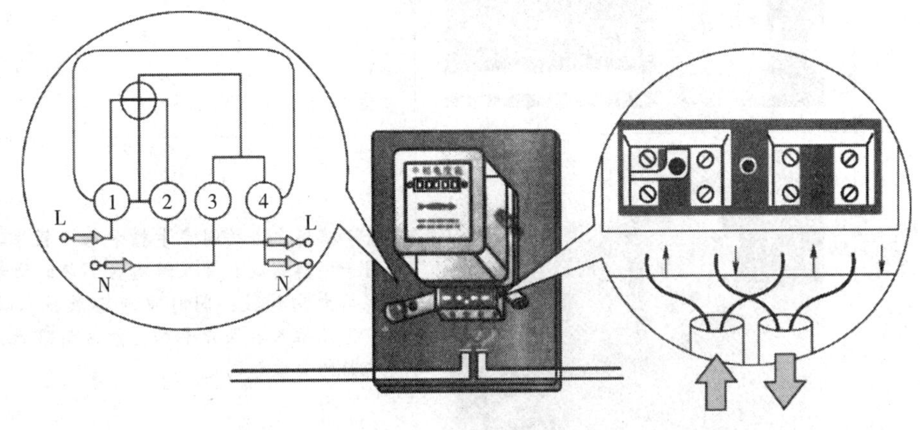

图 2–5–3　单相电能表接线图

3. 照明配电箱

照明配电箱是家用小型配电设备，是将漏电保护器、空气断路器等保护、配电控制设备在其内部合理地组合在一起，从而实现对家庭电源集中控制，以及组合接地、过载、短路等保护功能的基础配电装置。其内部还分别设有保护接地线和中性线的汇流排，以方便各种低压配电系统（TT、TN、IT 系统）的接线。照明配电箱广泛用于各种楼宇、广场、车站及工矿企业等场所，作为配电系统的终端电气设备。照明配电箱的外形及结构如图 2-5-4 所示。

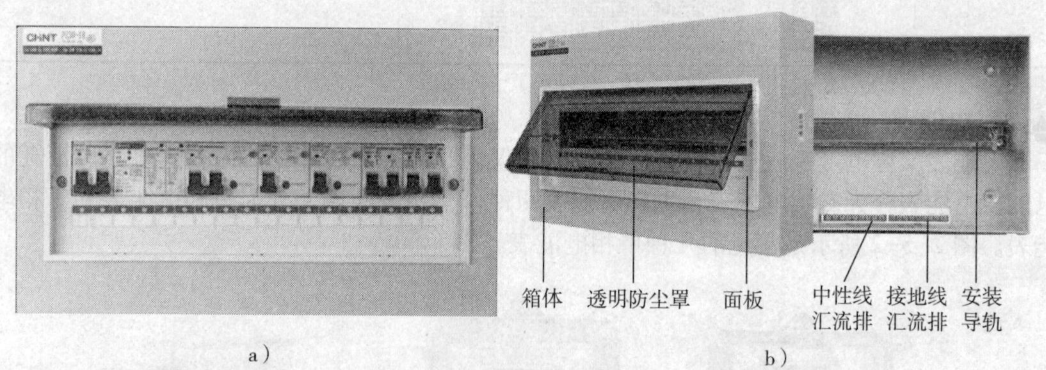

图 2-5-4 照明配电箱的外形及结构

a）外形 b）结构

照明配电箱内元件的安装步骤见表 2-5-3。

表 2-5-3 照明配电箱内元件的安装步骤

步骤	图示	说明
1		旋开面板两侧的固定螺钉，取下面板
2		将断路器上部的固定卡槽卡入安装导轨，然后用一字螺钉旋具插入断路器下部的活动卡扣内，用力向外拔，同时将断路器推入安装导轨，将其推入后松开卡扣，紧固断路器，完成断路器的安装和固定

续表

步骤	图示	说明
3	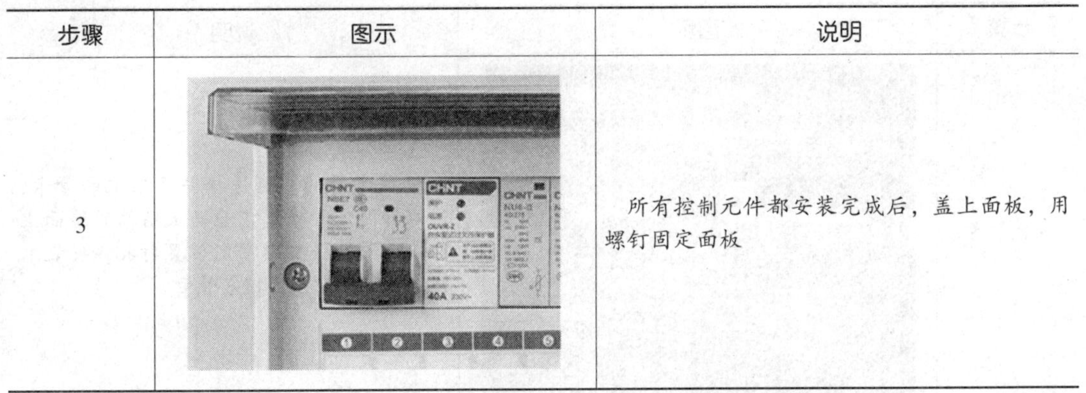	所有控制元件都安装完成后，盖上面板，用螺钉固定面板

二、线管配线要求

把绝缘导线穿在钢质或塑料线管内敷设，称为线管配线。这种布线方式比较安全、可靠，可避免腐蚀性气体侵蚀和遭受机械损伤，适用于公共建筑和工业厂房中。线管布线有明敷和暗敷两种。明敷要求横平竖直、整齐美观；暗敷要求线管短、弯头少。家庭照明电路的线管一般采用 PVC 塑料线管，明敷 PVC 塑料线管配线采用管卡固定的方式进行线管的固定，管卡规格需与敷设线管的直径匹配。常见的管卡如图 2-5-5 所示。

图 2-5-5 常见的管卡

1. 线管敷设

采用 PVC 塑料线管配线时线管敷设的操作步骤见表 2-5-4。

表 2-5-4 采用 PVC 塑料线管配线时线管敷设的操作步骤

步骤	图示	说明
定位画线		确定配线位置，做好记号，画出线路走向及管卡位置。管卡与接线盒、转角中心及其他电气设备的边缘距离为 150~500 mm（方法同护套线画线）

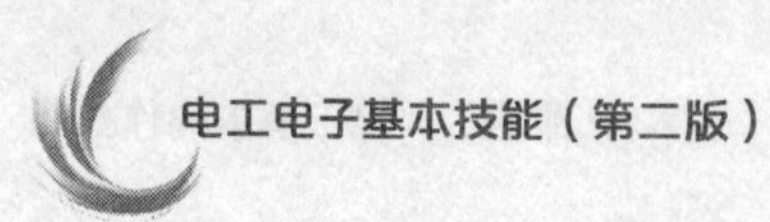

续表

步骤	图示	说明
固定管卡		根据线管的直径选择与其匹配的管卡，用螺钉固定管卡。在混凝土结构的墙面上可以先用冲击钻在固定位置打孔，安装木榫或塑料胀管后再固定管卡
处理线管		根据每一段线路的长度计算需要截取的线管长度 注意：需要将线管插入连接件内的长度计算到线管的截取长度中
截取线管		根据计算的长度，使用手锯、断管钳等工具进行线管的截断
敷设线管		将处理好的线管沿画线路径逐段进行安装、固定

操作提示

为了保证明敷线路线管的牢固性，根据线管管径的不同，固定管卡间的间距也不同，一般情况下，直径为 20 mm 及以下的线管，管卡间距为 1 m；直径为 25～40 mm 的线管，管卡间距为 1.2～1.5 m；直径大于 50 mm 的线管，管卡间距为 2 m。

2. 连接部位处理

采用 PVC 塑料线管配线时线管连接部位的处理方法见表 2-5-5。

表 2-5-5 采用 PVC 塑料线管配线时线管连接部位的处理方法

类型	图示	说明
转角		PVC 线管转角可以利用弯头完成，在转角部位两边需要用两个管卡进行固定
	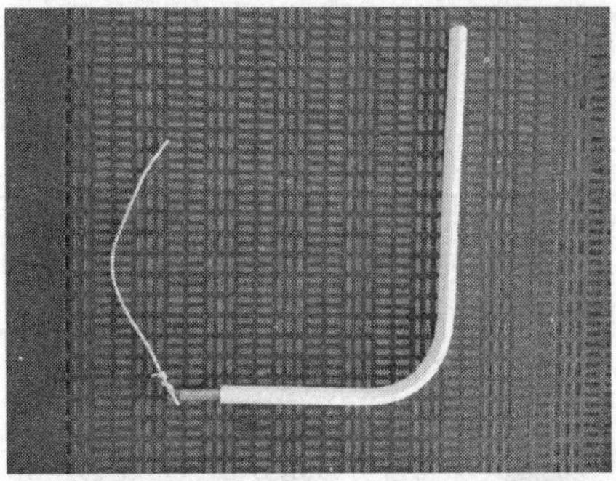	PVC 线管的转角也可以直接冷弯，为了避免冷弯时 PVC 线管转角部位破裂或变形，可以利用弯管弹簧完成操作 注意：冷弯操作的弯管半径不能过小
T 形分支	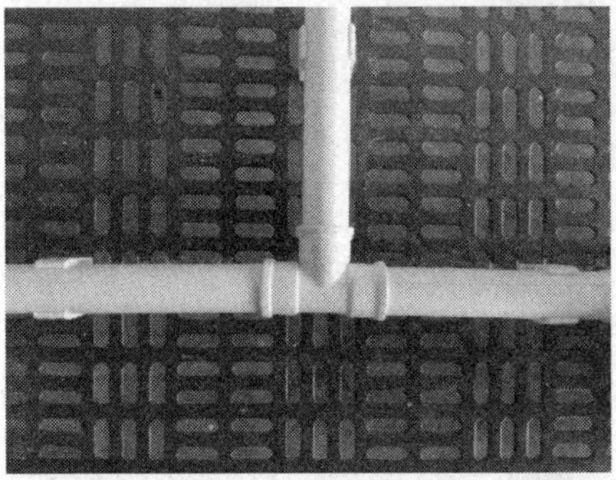	PVC 线管分支可以利用三通完成，在分支部位的三边都需用管卡进行固定 注意：较长的管路分支及四路分支都应使用接线盒完成
延长连接	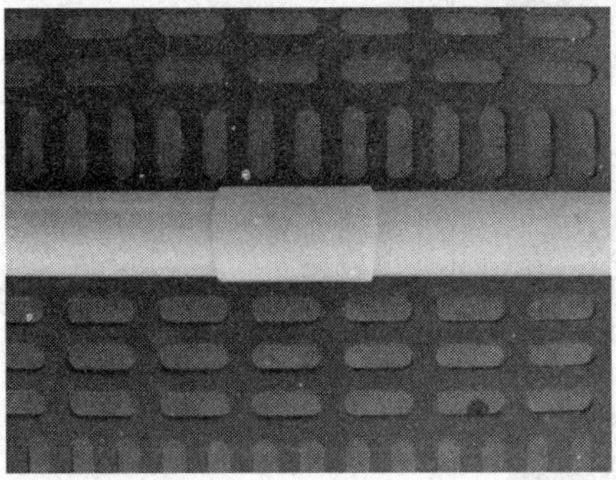	PVC 线管需要加长时，采用束节将两段线管连接在一起

续表

类型	图示	说明
连接接线盒	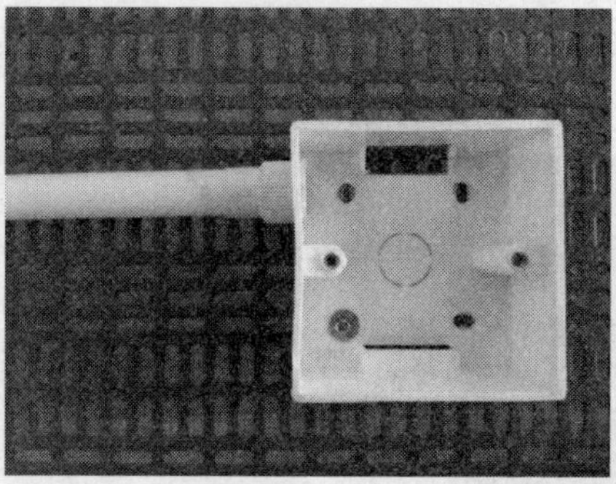	PVC线管与接线盒连接时，应使用专用连接件进行连接。为避免松动，还可以在接线盒与连接件的连接部位涂专用胶合剂

3. 线管穿线

穿线前应清洁线管，可用压力为0.25 MPa的压缩空气吹入已敷设好的线管，将杂物、灰尘吹走，然后检查线管管口是否有倒角、毛刺，避免穿线时损伤导线。穿线的操作步骤见表2-5-6。

表2-5-6　穿线的操作步骤

步骤	图示	说明
1	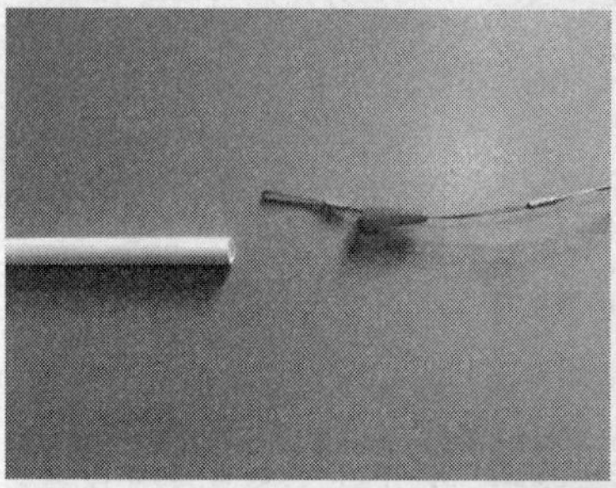	线管较短时可以直接穿线，线管较长时可以利用引线钢丝或穿线器穿入线管，到达线管另一端
2	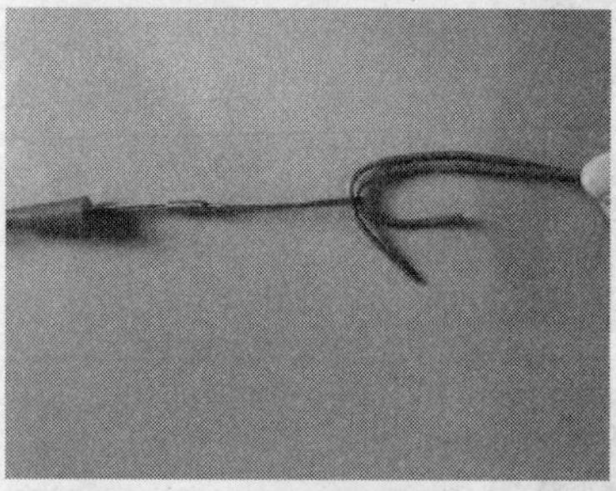	将导线按照图示方法穿过穿线器头的金属圈
3	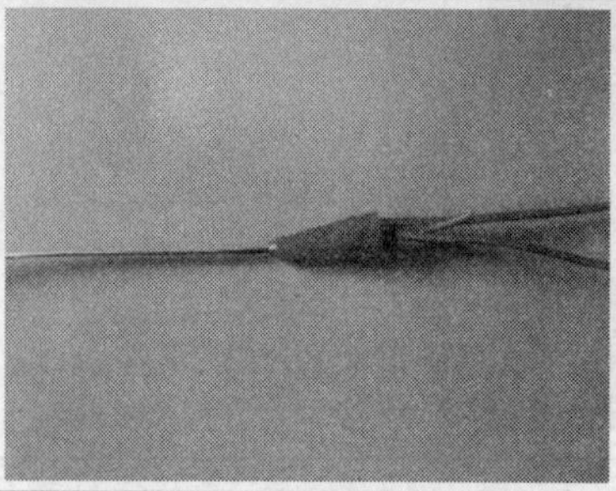	收紧穿线器金属圈，压紧导线，并用皮套将收紧后的导线部位压紧

续表

步骤	图示	说明
4		由两人在线管两端配合穿线，一人慢慢拉穿线器的钢丝，另一人慢慢将导线送入管内 若由于线管较长、转弯多或管径小造成穿线困难时，可在管内加入适量滑石粉以便于穿线，但不能使用油脂或石墨粉，以免损伤导线绝缘层或将导电粉尘带入线管

操作提示

(1) 穿管导线的绝缘强度不能低于 500 V。对导线最小截面积的规定：铜芯线为 1 mm^2，铝芯线为 2.5 mm^2。

(2) 管内导线一般不应超过 10 根，多根导线穿管时，导线总截面积（含绝缘层）应不超过管内截面的 40%。

(3) 管内导线不得有接头，所有的接头与分支都应在接线盒中进行。

(4) 管内配线应尽可能减少转角或弯曲，转角越多，穿线越困难。为便于穿线，转角或弯曲过多时，必须加装接线盒。

线管暗敷方法与明敷基本相同，但需要将线管、开关盒埋入墙体内。

三、室内照明电路安装规范

室内照明电路的电气元件在安装、使用时都有一定的规范要求。室内照明电路主要的电气元件有开关、插座、灯具等。

1. 开关安装规范

(1) 跷板开关（墙壁开关）距地面的高度宜为 1.3 m，距门框宜为 0.15~0.2 m。

(2) 拉线开关距地面的高度宜为 2~3 m，距门框宜为 0.15~0.2 m，且拉线出口应垂直向下。

(3) 分路总开关距地面的高度为 1.8~2 m。

(4) 并列安装的相同型号的开关距地面的高度应一致，高度差不应大于 1 mm，同一室内的开关高度差不应大于 5 mm，并列安装的拉线开关相邻距离不宜小于 20 mm。

(5) 暗装的开关及插座应有专用的安装盒，安装盒应有完整的盖板。

(6) 在易燃、易爆和特殊场所，开关应具有防爆功能，并采用其他相应的安全措施。

(7) 接线时，所有开关均应控制电路的相线。

2. 插座安装规范

(1) 不同电压的插座应有明显的区别，不能互换使用。

（2）在一般场所，插座距地面的高度不宜小于 1. 3 m；托儿所及小学，插座距地面的高度不宜小于 1. 8 m。

（3）车间及实验室的插座安装高度不宜小于 0. 3 m，特殊场所暗装的插座安装高度不宜小于 1. 5 m。

（4）并列安装的同一型号的插座高度差不宜大于 1 mm，同一场所安装的插座高度差不宜大于 5 mm。

（5）单相两孔插座，从面板侧看，右孔与相线（L）相接，左孔与中性线（N）相接。

（6）单相三孔插座的接地线（PE）和三相四孔插座的中性线（N）均应接上孔。插座的接地端子不应与中性线端子直接连接。

3. 灯具安装规范

（1）室内一般的灯具距地面的高度不应小于 2 m，如吊灯灯具位于桌面上方等人碰不到的地方，允许高度不应小于 1. 5 m，在潮湿、危险场所不应小于 2. 5 m。

（2）室外灯具距地面的高度一般不应小于 3 m，如装在墙上，不应小于 2. 5 m。

（3）灯具低于上述高度，又无安全措施的场所，应采用 36 V 以下的特低电压。

（4）1 kg 以下的灯具可采用软导线自身吊装，吊线盒及灯头两端应做防拉脱结扣；1~3 kg 的灯具应采用吊链或吊管安装；3 kg 以上的灯具应采用吊管安装。

（5）螺口灯泡安装完成后，灯泡的金属螺口不能外露，且应接在中性线上。

（6）灯具不带电的金属件、金属吊管和吊链等金属部件应采取接地保护措施。

（7）每一照明支路上的配线容量不得大于 2 kW。

四、综合照明电路原理分析

综合照明电路原理图如图 2-5-6 所示。

电流经过电能表 PJ 和总漏电保护断路器 QF，由各支路漏电保护断路器控制各分支电路的通断电情况。

合上漏电保护断路器 QF1，插座支路接通电源，插座 XS1、XS2 得电。

合上漏电保护断路器 QF2，灯 EL1 支路接通电源，灯 EL1 的亮灭由开关 SA1 控制。

合上漏电保护断路器 QF3，灯 EL2 支路接通电源，灯 EL2 的亮灭由开关 SA2 和 SA3 共同控制。

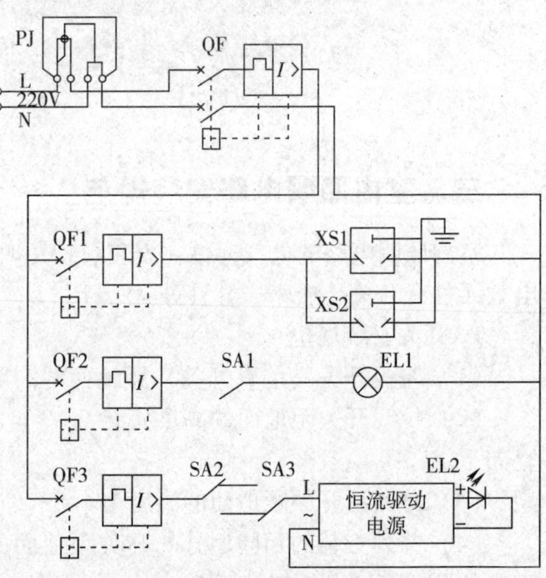

图 2-5-6　综合照明电路原理图

任务实施

综合照明电路安装示意图如图 2-5-7 所示。

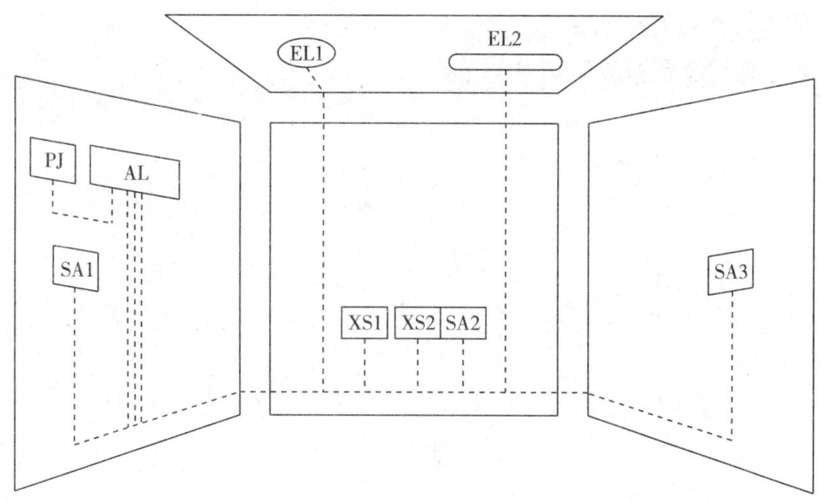

图 2-5-7　综合照明电路安装示意图

综合照明电路使用明敷 PVC 塑料线管布线方式，左侧墙面安装电能表 PJ、照明配电箱 AL、单控开关 SA1；中间墙面安装插座 XS1、XS2，双控开关 SA2；右侧墙面安装双控开关 SA3；顶面左边安装 LED 吸顶灯 EL1，右边安装 LED 日光灯 EL2。

一、安装综合照明电路

1. 定位画线

按照综合照明电路安装示意图的位置进行元件和导线的定位画线，如图 2-5-8 所示。

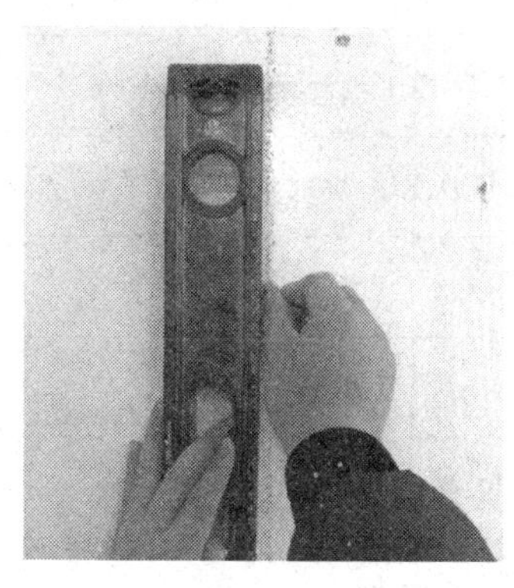

a）

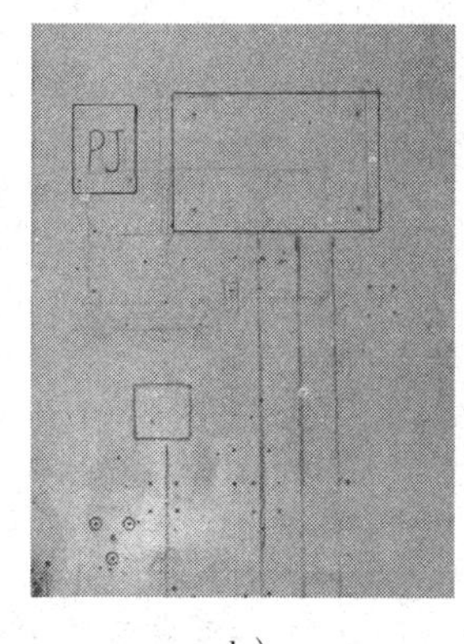

b）

c）

图 2-5-8　综合照明电路定位画线

a）画线　b）确定元件位置　c）画线完成整体效果

2. PVC 线管配线

（1）确定配线数量及元件导线连接情况

综合照明电路配线图如图 2-5-9 所示。

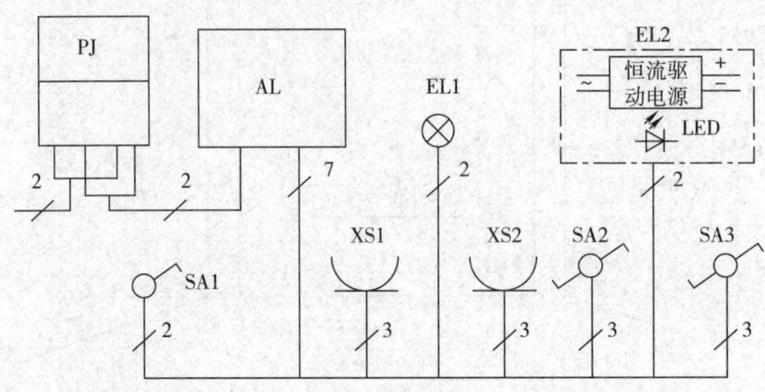

图 2-5-9　综合照明电路配线图

综合照明电路中各元件导线连接情况见表 2-5-7。

表 2-5-7　综合照明电路中各元件导线连接情况

元件	配线数	连接说明
电能表 PJ	4 根	进线 2 根：1 根相线、1 根中性线 出线 2 根：1 根相线、1 根中性线
照明配电箱 AL	9 根	进线 2 根：1 根相线、1 根中性线 出线 7 根：3 根相线、3 根中性线、1 根接地线
单控开关 SA1	2 根	1 根相线、1 根灯 EL1 控制线
灯 EL1	2 根	1 根中性线、1 根灯 EL1 控制线
插座 XS1	3 根	1 根相线、1 根中性线、1 根接地线
插座 XS2	3 根	1 根相线、1 根中性线、1 根接地线
双控开关 SA2	3 根	1 根相线、2 根开关控制线
双控开关 SA3	3 根	2 根开关控制线、1 根灯 EL2 控制线
灯 EL2	2 根	1 根中性线、1 根灯 EL2 控制线

配线时注意选取不同颜色的导线以示区别，相线为红色，中性线为蓝色，接地线为黄绿双色，控制线为黑色。

（2）安装 PVC 线管及元件（表 2-5-8）

表 2-5-8　安装 PVC 线管及元件

步骤	图示	说明
安装元件底盒、底座	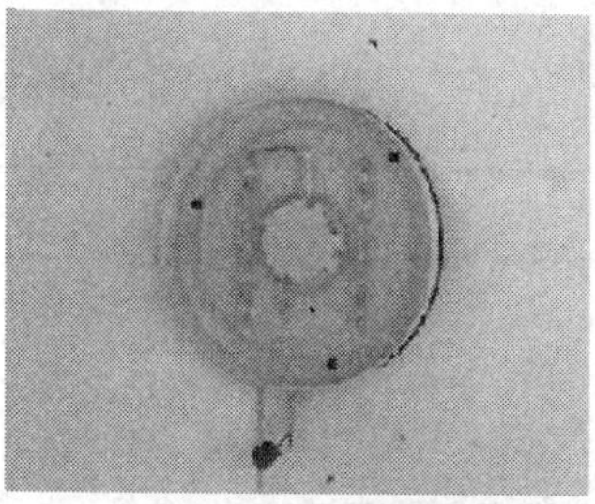 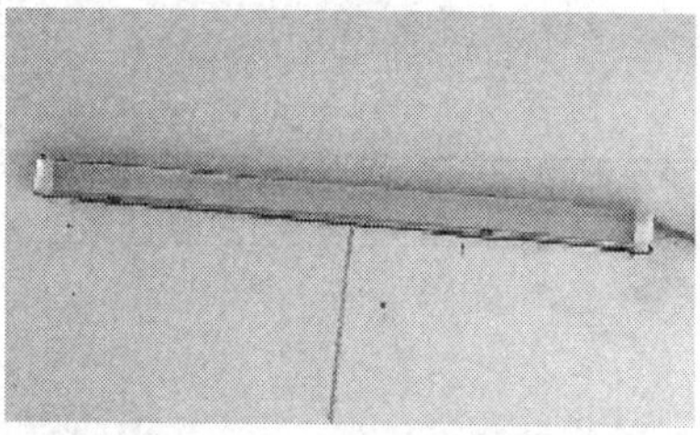  	按照照明电气元件安装规范，在墙面画好元件位置，将各元件底盒、底座等安装并紧固好
安装管卡	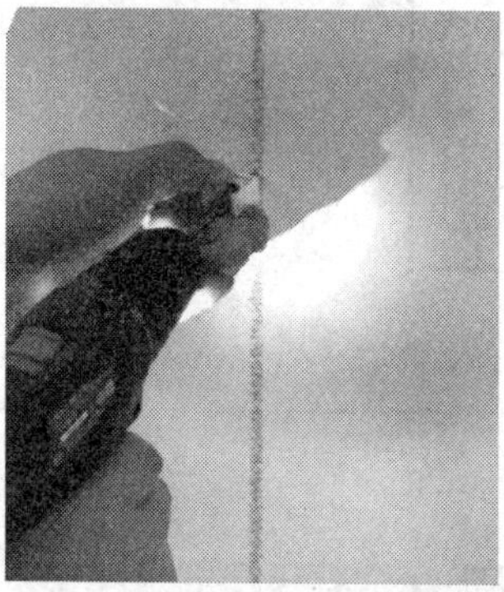 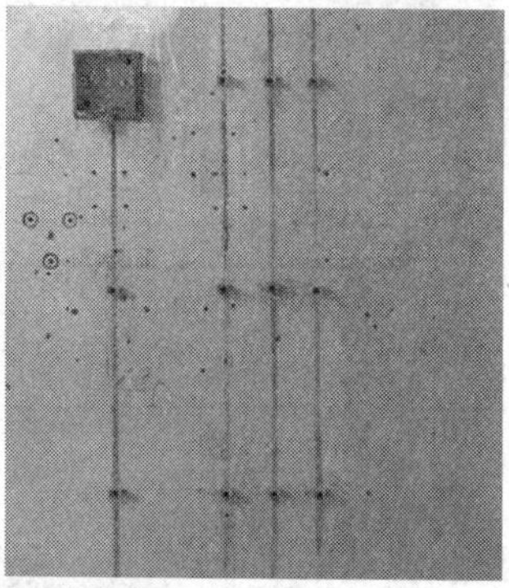	根据线管布线要求，在线管固定点的位置安装 PVC 管卡
敷设线管	  	按照明装线管敷设要求，完成 PVC 线管的敷设 注意：按照规范要求完成 PVC 线管的弯曲和连接，利用管卡将 PVC 线管固定牢固

（3）配线

根据综合照明电路配线图和配线连接表中各元件、线路的导线数量，按照 PVC 线管布线要求进行配线。各分支线路配线情况见表 2-5-9。

表 2-5-9　各分支线路配线情况

配线支路	图示	说明
EL1 支路	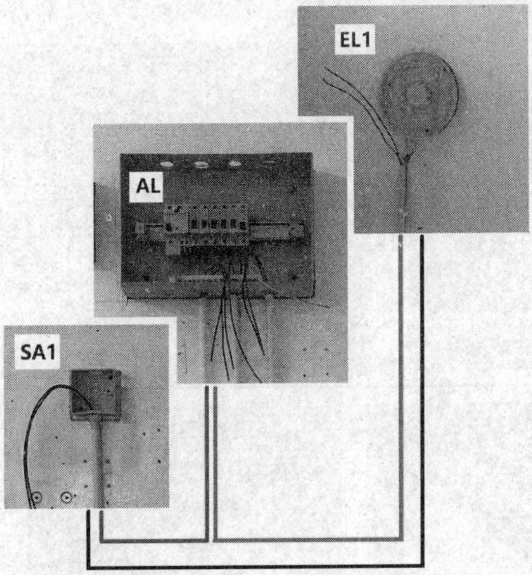 AL、SA1、EL1	从照明配电箱 AL 引出相线到开关 SA1 接线盒，引出中性线到灯 EL1；从开关 SA1 接线盒引出控制线到灯 EL1
EL2 支路	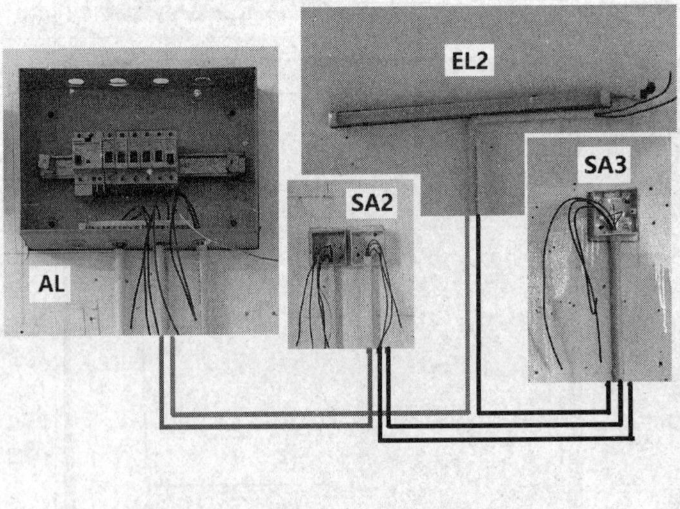 AL、SA2、EL2、SA3	从照明配电箱 AL 引出相线到开关 SA2 接线盒，引出中性线到灯 EL2；从开关 SA2 接线盒引出 2 根开关控制线到开关 SA3 接线盒；从开关 SA3 接线盒引出 1 根控制线到灯 EL2

续表

配线支路	图示	说明
插座支路	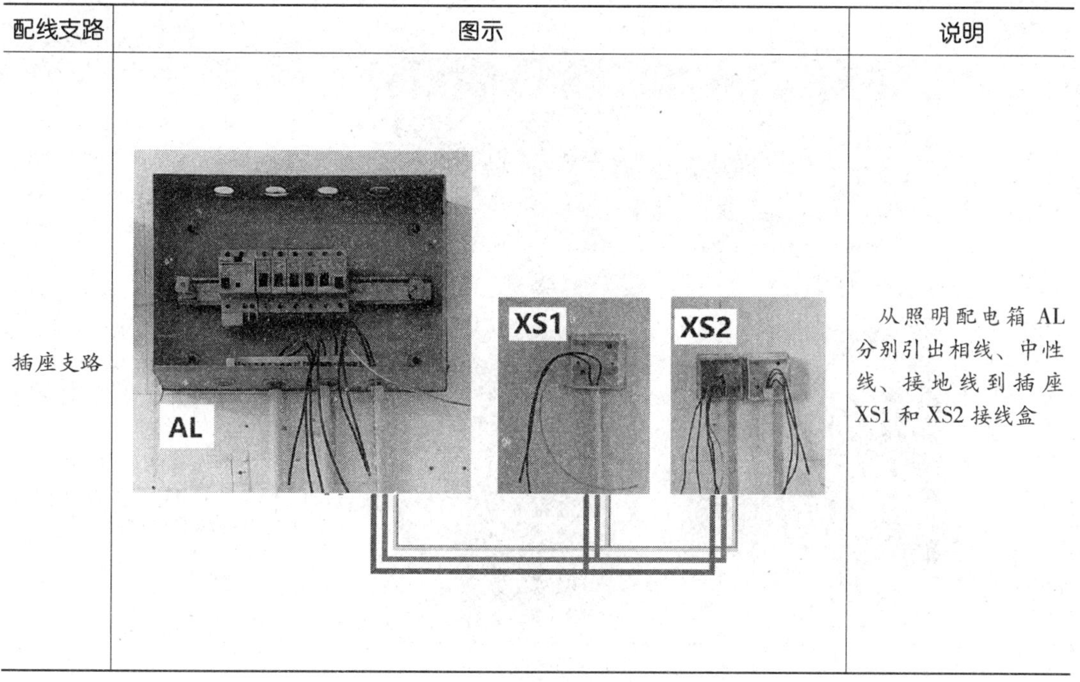	从照明配电箱 AL 分别引出相线、中性线、接地线到插座 XS1 和 XS2 接线盒

3. 元件接线及安装

综合照明电路各元件的安装与导线连接见表 2-5-10。

表 2-5-10　综合照明电路各元件的安装与导线连接

步骤	图示	说明
安装 EL1 支路元件	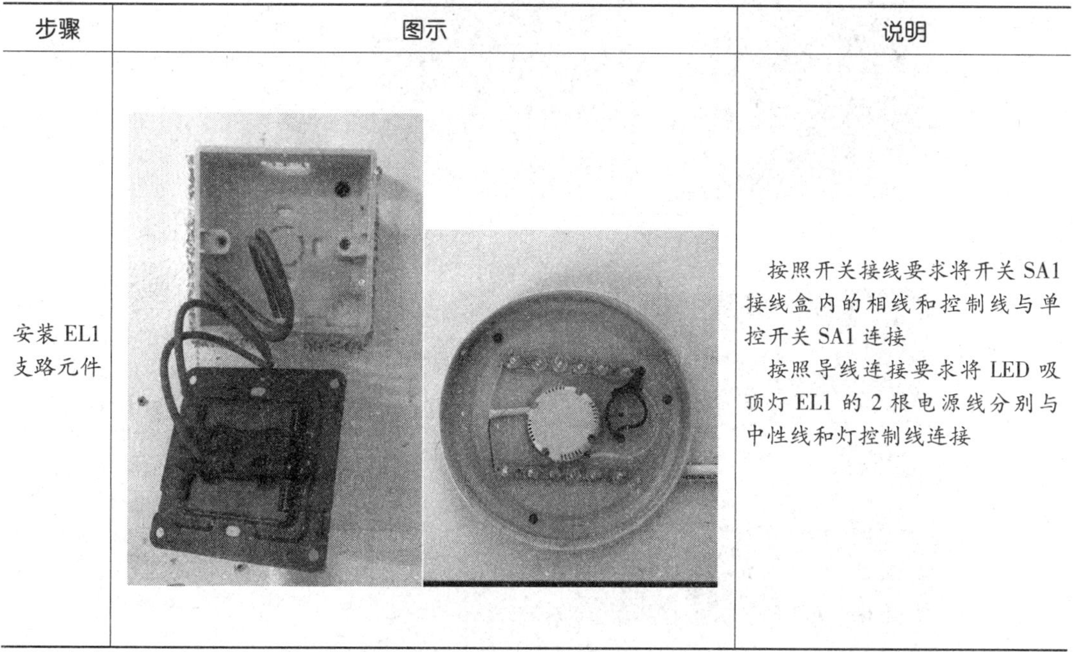	按照开关接线要求将开关 SA1 接线盒内的相线和控制线与单控开关 SA1 连接 按照导线连接要求将 LED 吸顶灯 EL1 的 2 根电源线分别与中性线和灯控制线连接

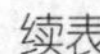
续表

步骤	图示	说明
安装 EL2 支路元件		按照开关接线要求将开关 SA2 接线盒内的相线与双控开关 SA2 中线接线柱 L1 连接，2 根控制线与控制接线柱 L2、L3 连接 按照开关接线要求将开关 SA3 接线盒内的灯控制线与双控开关 SA3 中线接线柱 L1 连接，2 根控制线与控制接线柱 L2、L3 连接 按照导线连接要求将 LED 日光灯 EL2 的 2 根电源线分别与中性线和灯控制线连接
安装插座		按照插座接线柱的标注，将插座 XS1、XS2 接线盒内的相线、中性线、接地线分别接入对应的接线柱并紧固
安装照明配电箱		按照导线连接要求，将电源相线和中性线分别连接在漏电保护断路器 QF 上端对应的接线柱上；将漏电保护断路器 QF 下端引出的相线分别连接到 QF1、QF2、QF3 的上端，将漏电保护断路器下端引出的中性线连接到中性线汇流排；将 QF1 下端接线柱连接插座支路的相线，将 QF2 下端接线柱连接灯 EL1 支路的相线，将 QF3 下端接线柱连接灯 EL2 支路的相线；将插座、灯 EL1、灯 EL2 支路的中性线全都连接到中性线汇流排；将插座的接地线连接到接地线汇流排

续表

步骤	图示	说明
完成安装	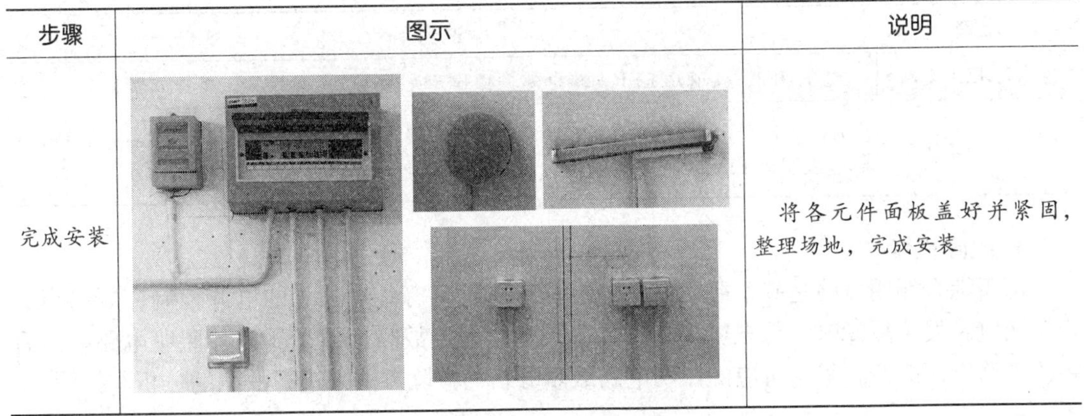	将各元件面板盖好并紧固，整理场地，完成安装

安装完成后的综合照明电路如图 2-5-10 所示。

图 2-5-10 安装完成后的综合照明电路

二、调试与检修综合照明电路

1. 短路检查

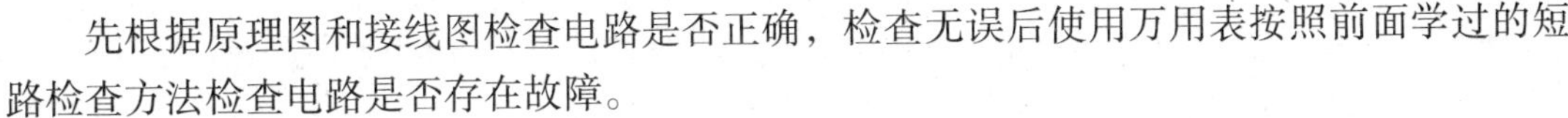

先根据原理图和接线图检查电路是否正确，检查无误后使用万用表按照前面学过的短路检查方法检查电路是否存在故障。

2. 通电试验

短路检查无误后，闭合总漏电保护断路器 QF，接通电源，逐个接通各支路漏电保护断路器，进行通电调试，见表 2-5-11。

表 2-5-11 综合照明电路通电调试

步骤	说明
检查插座支路	闭合 QF1，接通插座支路电源，用万用表测量插座 XS1、XS2 的电压是否为 220 V，用验电笔测量插座 XS1、XS2 是否右孔为相线

续表

步骤	说明
检查灯 EL1 支路	闭合 QF2，接通灯 EL1 支路电源，操作开关 SA1，观察灯 EL1 是否正常亮灭
检查灯 EL2 支路	闭合 QF3，接通灯 EL2 支路电源，操作开关 SA2、SA3，观察是否任一开关动作，都能控制灯 EL2 的亮灭

3. 故障检修

由于综合照明电路是基本照明电路的组合，而且又有各自独立的电源控制，所以当综合照明电路发生故障时，首先要判断出是哪条支路发生故障，属于哪一种照明电路。然后将该支路电源断开，采用对应的照明电路故障分析与排除方法来进行故障的分析与排除。

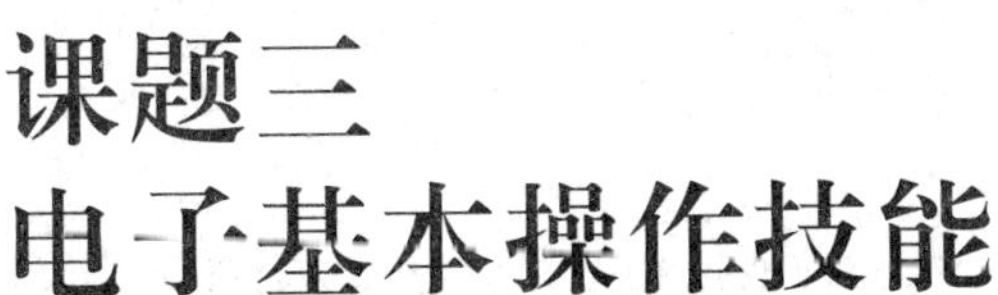

课题三 电子基本操作技能

任务1　简单非门电路的安装

学习目标

1. 熟悉常用的电阻器。
2. 熟悉常用的焊接工具和焊接材料。
3. 了解常见的焊接方式，能进行焊接质量的简易判断。
4. 熟悉简单非门电路的组成和工作原理。
5. 能正确识读与检测电阻器。
6. 掌握元件引脚与导线的预处理、焊接方法和电阻器引脚的成形方法，能完成简单非门电路的安装。

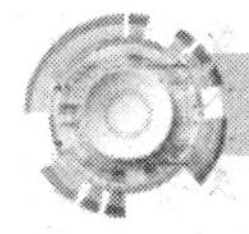

工作任务

利用加热或其他方式使两种金属永久地牢固结合的过程称为焊接。焊接是电子产品装配中最基本的一种连接方式，一般采用锡铅合金焊料焊接。

本任务要求学生学习简单电子电路的安装，掌握电阻器的识读与检测方法和元件手工焊接的基本技能。

完成任务需要准备的实训器材见表 3-1-1。

表 3-1-1　实训器材

项目	内容
简单非门电路的安装	内热式电烙铁、烙铁架、松香、焊锡丝、电阻器、电位器、轻触开关、灯珠、导线、万能板、万用表、锉刀、镊子、斜口钳、直流稳压电源等

相关知识

一、电阻器简介

电阻器是一种能使电子运动产生阻力的元件，是一种能控制电路中电流大小和电压高低的电子元件。电阻器简称电阻，在电路中可作为分流和分压之用。

1. 常见的固定电阻器

固定电阻器主要用于阻值固定而不需要变动的电路中，常见的有碳膜电阻器、金属膜电阻器、绕线式电阻器等，见表 3-1-2。

表 3-1-2　常见的固定电阻器

名称	图示	说明
碳膜电阻器		体积小，阻值范围比较大，但功率比较小。通常为土黄色，有四个色环
金属膜电阻器		体积较小，阻值范围比较大，精度高。通常为蓝色，有五个色环
绕线式电阻器		体积较大，阻值范围比较小，但功率较大

2. 常见的可变电阻器

可变电阻器分为可变与半可变两类，见表 3-1-3。可变电阻器又称变阻器或电位器，主要用在阻值需要经常变动的电路中，用其来调节音量、音调、电压、电流等。

半可变电阻器又称微调电阻器或微调电位器，主要用来调节不经常使用的电路。通过调节旋转触点，改变旋转触点与两侧固定引出端间的阻值，从而调整电路中的电压和电流。

表 3-1-3　常见的可变电阻器

名称	图示	说明
电位器	1 2 3	电位器通常由电阻体（含 2 个静触点，图中 1、3 端）和可移动的电刷（含 1 个动触点，图中 2 端）组成。旋转电位器的转轴，可以改变动触点在电阻体上的位置，从而改变动触点与任意一个静触点之间的阻值。电位器输出连续可调的阻值

续表

名称	图示	说明
微调电位器		体积小，成本低，上面通常有一个调整孔，将旋具插入调整孔并旋转即可调整阻值

3. 常见的敏感电阻器

敏感电阻器的阻值随温度、光照、湿度等外界条件的改变而变化，常见的敏感电阻器有热敏电阻器、光敏电阻器、湿敏电阻器等，见表 3-1-4。

表 3-1-4　常见的敏感电阻器

名称	图示	说明
热敏电阻器		阻值随温度的变化而改变，分为正温度系数热敏电阻器和负温度系数热敏电阻器两种类型
光敏电阻器		阻值随照射光线的强弱而发生改变
湿敏电阻器		阻值随环境湿度的变化而改变

二、焊接基础知识

1. 焊接工具

电烙铁是手工焊接的基本工具，常见的类型有内热式、外热式、恒温式等，见表 3-1-5。尽管种类不同，但它们的工作原理基本一样，接通电源，烙铁芯发热并传递给烙铁头，烙铁头温度升高到一定程度熔化焊料。

表 3-1-5　焊接工具

名称	图示	说明
内热式电烙铁		烙铁头为空心筒状，烙铁芯安装在烙铁头里面，从内部加热烙铁头

续表

名称	图示	说明
外热式电烙铁		烙铁头为实心杆状，安装在烙铁芯里面，通电发热后，其热量从外向内传到烙铁头上，从而使烙铁头升温
恒温式电烙铁		烙铁头内装有温控装置，当达到预定的温度时，控制电路停止对电烙铁供电，电烙铁温度缓慢下降；当温度低于设定值时，控制电路又恢复对电烙铁供电，电烙铁温度缓慢上升

2. 焊接材料

焊接材料主要是指连接被焊金属的焊料和清除金属表面氧化物的助焊剂，见表3-1-6。

表3-1-6　焊接材料

名称	图示	说明
焊料		焊料一般是指焊锡，焊锡由锡、铅两种金属按一定比例配制而成，具有熔点低、导电性能好、力学强度高、表面张力小等优点。手工焊接中常用的焊料为管状焊锡丝
助焊剂		助焊剂用于清除金属表面的氧化物和杂质，减小液态焊锡的表面张力，增强焊料的流动性。手工焊接中常用的助焊剂为树脂类助焊剂——松香

3. 常见的焊接方式

在电子线路的安装过程中，针对不同的焊接对象和不同的工作环境，需要采用不同的焊接方式，如绕焊、钩焊、搭焊、插焊等，见表 3-1-7。

表 3-1-7　常见的焊接方式

焊接方式	图示	说明
绕焊		导线与接线端子的绕焊：将浸锡后的导线在接线端子上绕一圈，用钳子拉紧缠绕牢固后进行焊接。一般图中 L 为 1～3 mm 同线径导线的绕焊：将浸锡的线头相互绞绕紧固，然后焊接 不同线径导线的绕焊：将浸锡的细导线线头紧密缠绕在粗导线浸锡线头从根部到一半长度的位置，用钳子将粗导线未缠绕的一半回折，压紧缠绕的细导线，然后焊接 特点：连接可靠，一般用于对连接可靠性要求较高的场所
钩焊		将导线浸锡的线头弯成钩形钩在接线端子上，用钳子夹紧后焊接。一般图中 L 为 1～3 mm 特点：焊接强度低于绕焊，但操作简便
搭焊		将需要焊接的部位直接搭在一起进行焊接，一般图中 L 为 1～3 mm 特点：焊接强度低，只能用于调试或维修的临时连接或不便于缠、钩的情况 搭焊一般不能用于正规产品的焊接
插焊		将被焊接元件的引出线或导线浸锡后插入焊接孔，然后焊接 特点：插焊一般用于电路板的焊接。弯脚插焊稳固性比较高，直脚插焊便于拆焊

操作提示

焊接完成后需要在焊接部位进行绝缘层的恢复，或者套上绝缘套管。绝缘套管一般采用加热收缩的热缩套管，热缩套管收缩后要完全封闭接线柱和导线的金属部位。

4. 焊接质量的简易判断

高质量的焊点应具备一定的力学强度、良好可靠的电气性能、光洁美观的表面。但在实际的手工焊接过程中，往往会产生焊接缺陷，其原因多种多样，常见焊点的缺陷及质量分析见表 3-1-8。

表 3-1-8　常见焊点的缺陷及质量分析

焊点缺陷	图示	质量分析
焊料过多		外观：焊点呈凸形 原因：焊锡丝撤离过迟 危害：比较浪费焊料，可能包藏缺陷
焊料过少		外观：焊点未形成平滑面，焊料较少 原因：焊锡丝撤离过早 危害：强度不足
松香焊		外观：焊点中夹有松香渣 原因：助焊剂过多，焊接时间不足，表面氧化膜未去除 危害：强度不足，导通不良
虚焊		外观：焊料与焊盘或元件引脚接触面过小，不平滑 原因：焊件未清理干净，焊件未充分加热，助焊剂质量差 危害：强度低，不导通或接触不良
过热		外观：焊点发白，光泽度不好，表面粗糙 原因：焊点加热时间过长 危害：焊盘容易脱落，容易造成元件失效
冷焊		外观：焊点表面粗糙，有时有裂纹 原因：焊料未凝固时焊件抖动 危害：强度低，导电性差
拉尖		外观：焊点出现尖端 原因：焊料不合格，电烙铁撤离方向不当 危害：易造成桥接现象
桥接		外观：相邻焊点之间搭接在一起 原因：焊料过多，电烙铁加热与撤离方向不当 危害：易造成电气短路
铜箔翘起、脱落		外观：焊点剥落、铜箔翘起 原因：焊接温度过高，时间过长，对焊点施加过大外力 危害：接触不良或断路

三、简单的非门电路

1. 电路元件

如图 3-1-1 非门电路原理图所示，非门电路中除电阻器外，还有轻触开关和灯珠两种元件，见表 3-1-9。

表 3-1-9　非门电路中的轻触开关和灯珠

名称	图示	说明
轻触开关		轻轻点按开关按钮，开关接通；当松开手时，开关断开
灯珠		当有电流流过灯珠时，灯珠将会发光

2. 电路原理

非门电路原理图如图 3-1-1 所示。

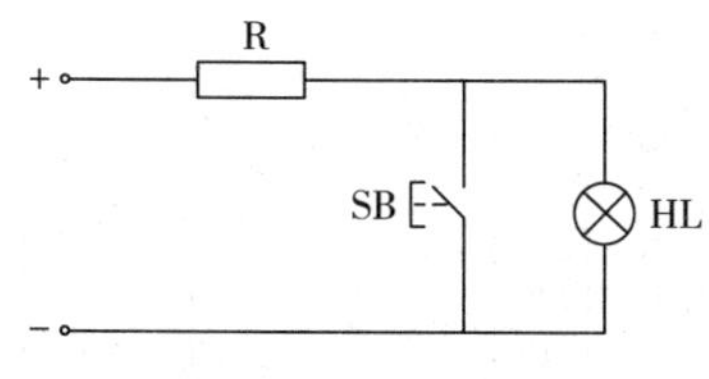

图 3-1-1　非门电路原理图

按下轻触开关 SB，电流从电阻器 R、轻触开关 SB 上流过，不经过灯珠 HL，灯珠 HL 不发光。松开轻触开关 SB，电流从电阻器 R、灯珠 HL 上流过，灯珠 HL 发光。

本任务学习电阻器的识读与检测、手工焊接两项基本的电子操作技能。

一、识读与检测电阻器

1. 识读电阻器

（1）色环法

色环法是用不同颜色的色环在电阻器表面标出标称阻值和允许偏差的方法，色环各颜色所代表的含义见表 3-1-10。

表 3-1-10　色环各颜色所代表的含义

颜色	有效数字	倍乘数	允许偏差	颜色	有效数字	倍乘数	允许偏差
黑	0	10^0	—	紫	7	10^7	±0.1%
棕	1	10^1	±1%	灰	8	10^8	—
红	2	10^2	±2%	白	9	10^9	—
橙	3	10^3	±0.05%	金	—	10^{-1}	±5%
黄	4	10^4	—	银	—	10^{-2}	±10%
绿	5	10^5	±0.5%	无色	—	—	±20%
蓝	6	10^6	±0.25%				

常见的四色环电阻器、五色环电阻器的识读方法见表 3-1-11。

表 3-1-11　常见的四色环电阻器、五色环电阻器的识读方法

分类	图示	有效数字	倍乘数	阻值计算	允许偏差
四色环	第四色环：棕色（允许偏差） 第三色环：黄色（倍乘数） 第二色环：蓝色（第二位数字） 第一色环：绿色（第一位数字）	5　6	10^4	$56\times10^4\ \Omega=560\ \text{k}\Omega$	±1%
五色环	第五色环：棕色（允许偏差） 第四色环：金色（倍乘数） 第三色环：黑色（第三位数字） 第二色环：红色（第二位数字） 第一色环：红色（第一位数字）	2　2　0	10^{-1}	$220\times10^{-1}\ \Omega=22\ \Omega$	±1%

（2）数码法

数码法是用三位阿拉伯数字表示阻值的标注法，前两位表示阻值的有效数字，第三位表示有效数字后面零的个数（倍乘数）。

常见的微调电位器的识读方法见表 3-1-12。

表 3-1-12　常见的微调电位器的识读方法

分类	图示	有效数字	倍乘数	阻值计算
微调电位器		1　0	10^2	$10\times10^2\ \Omega=1\ \text{k}\Omega$

2. 测量电阻器的阻值并判断其好坏

利用指针式万用表测量色环电阻器、电位器的阻值，并与标称阻值相比较，判断其质量好坏，具体见表 3-1-13。

表 3-1-13　测量电阻器的阻值和质量判别

分类	步骤	图示	说明
色环电阻器	机械调零		检查表头指针是否处于交直流刻度标尺的零刻度线上，若不在零位，则用一字旋具调节机械调零旋钮，使指针回归零位
	选择量程		先粗略估算所测阻值，如果无法估算，一般将转换开关拨至 $R\times100$ 或 $R\times1$ k 挡进行试测 观察指针是否指在满刻度的 1/2~2/3。如果是，则挡位合适；如果指针太靠近零位，则要减小挡位；如果指针太靠近∞，则要增大挡位
	欧姆调零		将红黑表笔短接，调节欧姆调零旋钮，使指针指向欧姆刻度线的零位 若不能调节到零位，说明万用表电池电量不足，应更换
	接触电阻器并测量	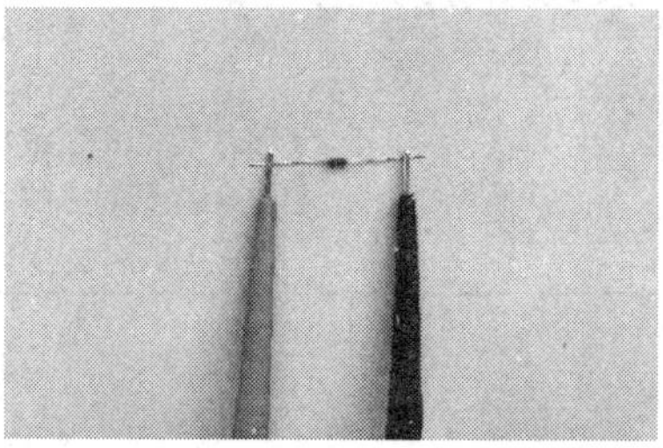	用红黑表笔分别接触电阻器两引脚，注意手不可碰到电阻器引脚及表笔金属部分，以免接入人体电阻，引起测量误差

续表

分类	步骤	图示	说明
色环电阻器	读数		实际阻值=指针指示值×挡位倍率
电位器	检查力学性能		转动转轴，观察转轴转动是否灵活、平滑，转动时动触点滑动产生的声音要小，手感要好，应该感觉带有一点阻尼
	测量总阻值		选用万用表电阻挡的适当量程，将两表笔分别接在电位器两个固定引脚焊片之间，测量电位器的总阻值是否与标称阻值相同。若测得的阻值为∞或比标称阻值大，则说明该电位器已开路或变值
	测量中心端与任意一个固定端的阻值		将两表笔分别接电位器中心端与两个固定端中的任意一端，慢慢转动电位器的转轴，使其从一个极端位置旋转至另一个极端位置 正常的电位器，万用表指针指示的阻值应从标称阻值连续变化至0 Ω 整个旋转过程中，指针应平稳变化，而不应有任何跳动现象。若在调节阻值的过程中，指针有跳动现象，则说明该电位器存在接触不良的故障

操作提示

（1）若改变万用表电阻挡位，则在测量前必须进行欧姆调零。

（2）不能带电测量，被测电阻器不能有并联支路。

二、预处理元件引脚与导线

1. 预处理元件引脚

元件安装前必须对其引脚进行加工处理，预处理过程包括刮脚→浸锡→成形等，见表 3-1-14。刮脚、浸锡很重要，很多时候虚焊都是由于这些操作不到位引起的。

表 3-1-14　预处理元件引脚

步骤	图示	说明
刮脚		元件的引脚表面出现氧化层时，就必须进行刮脚，刮脚时可用小刀等带刃工具，从距离元件根部 2 mm 处开始沿引脚向外刮，边刮边转动引脚，直至把引脚上的氧化层彻底刮净。注意不要刮断或刮伤引脚
浸锡		刮好的元件引脚应及时浸锡，防止再次被氧化。用电烙铁上锡时，先将元件放入松香盒中，烙铁头浸上焊锡，然后将电烙铁放至元件引脚，边转动引脚边浸锡，注意不要浸至元件根部（离根部 2～5 mm），且上锡时间不能过长，否则会损坏元件
成形		根据元件引脚数量，分为两引脚元件、三引脚元件等；根据元件安装形式，分为卧式安装、立式安装等 不同引脚元件、不同的安装形式有具体的安装工艺要求，将在后续任务中学习

2. 预处理导线

装配过程中有时候会利用软导线来连接，因此，在装配前需要将导线加工处理好，绝缘软导线的加工步骤为：剪裁→剥头→捻头→浸锡，见表 3-1-15。

表 3-1-15　预处理导线

步骤	图示	说明
剪裁		根据需要截取合适长度的导线，一般使用斜口钳操作
剥头		将剪切后的绝缘导线端头按工艺要求去掉绝缘层，露出芯线的过程称为剥头。可以采用专用的剥线钳来剥头，也可以采用电工刀削掉绝缘层。剥头时，不允许损伤芯线，单股芯线不允许有划伤，多股芯线应避免断股
捻头		多股芯线的导线剥头后芯线会松散，将松散的芯线按照 30°～40° 的角度捻紧，其过程称为捻头。多股芯线捻头方向要一致，避免散股和漏股 单股芯线无须捻头
浸锡		经过捻头的导线应及时浸锡，主要目的是防止氧化。浸锡可采用对元件引脚浸锡的方法进行。注意浸锡前一定要将捻紧的端头浸上助焊剂。浸锡位置要距离绝缘层 1～2 mm，浸锡时间一般控制在 1～3 s

操作提示

（1）剥线时，对单股线不应伤及导线，对多股线不能出现断线（股）。

（2）导线浸锡时，应旋转导线，使导线头充分浸润，其旋转方向与捻头方向一致。

（3）导线头浸锡后，浸锡层与导线绝缘层之间有 1～2 mm 的距离，且锡层表面光滑、均匀，镀层良好。

三、安装及检查电路

1. 电阻器引脚成形

为了保证电路板的可靠性，提高生产力，安装电路时要考虑每一个元件的摆放位置、插装方式、各元件之间的相对位置和连接关系等。两引脚元件的插装方式一般有立式和卧式两种，见表 3-1-16。

表 3-1-16　两引脚元件的插装方式

插装方式	图示	说明
立式		插装时元件垂直于板面。立式插装节省空间，避免元件拥挤 立式插装的两引脚元件在成形时，先用镊子将元件两端引脚拉直，然后再用 ϕ0.3 mm 的钟表旋具作固定面将元件的引脚弯成半圆形。注意：立式插装电阻器的色环顺序是从下向上
卧式		将元件水平紧贴电路板插装，卧式插装稳定性好，比较牢固，受振动时不易脱落 卧式插装的两引脚元件在成形时，同样先用镊子将元件两端引脚拉直，然后利用镊子在距元件引脚根部 1~2 mm 处将引脚弯成直角

电阻器属于两引脚元件，在电路中一般采用卧式插装方式，其引脚成形方法参考表 3-1-16，成形效果如图 3-1-2 所示。

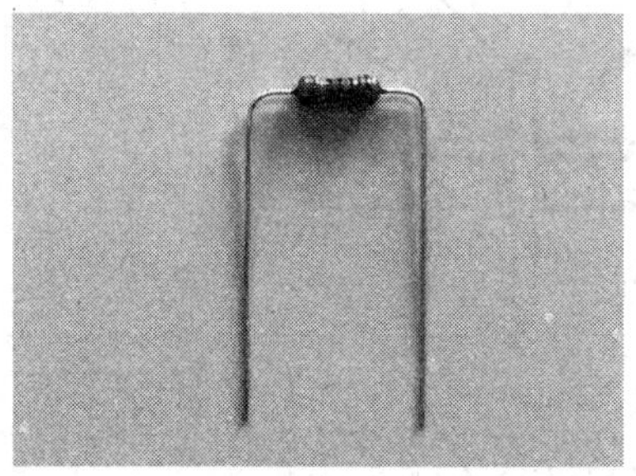

图 3-1-2　电阻器卧式插装成形效果

操作提示

元件两端引脚弯折要对称，两引脚要平行，引脚间的距离要与万能板上两焊盘孔之间的距离相等，以便于元件插入。

2. 焊接电路

（1）焊接元件和导线

元件在电路板上的手工焊接一般采取插焊的方式，先将被焊元件的引出线、导线插入

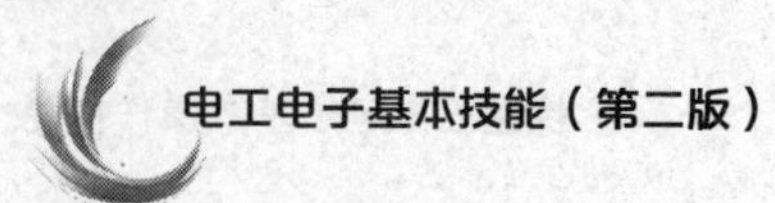

焊接孔中，然后再进行焊接。插焊分为弯脚插焊和直脚插焊，如图 3-1-3 所示。弯脚插焊焊接牢固，直脚插焊便于拆焊，电路焊接一般采用直脚插焊。元件的焊接步骤见表 3-1-17。

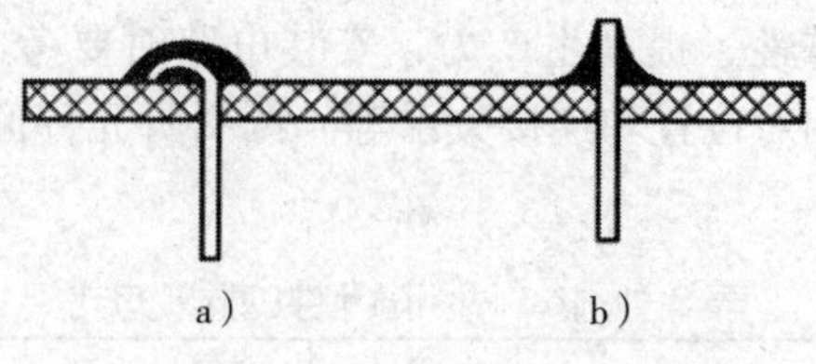

图 3-1-3　插焊方法

a）弯脚插焊　b）直脚插焊

表 3-1-17　元件的焊接步骤

步骤	图示	说明
准备	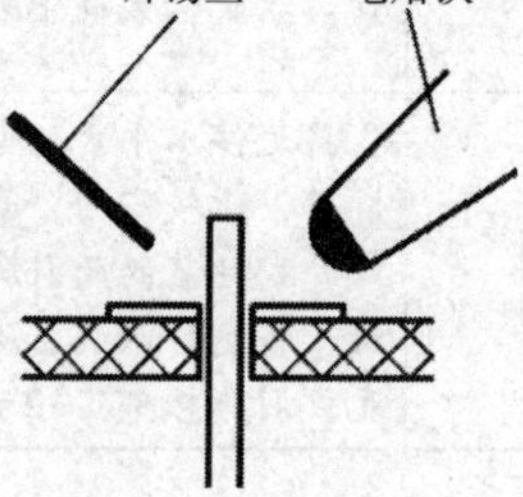 焊锡丝　电烙铁	准备好电烙铁、焊锡丝、元件、万能板。将元件引脚插入焊盘与万能板成垂直状态，将万能板焊接面朝上。将电烙铁接上电源，烙铁头达到一定温度并保持其表面无氧化物残渣
加热		将烙铁头沿 45° 角方向紧贴元件引脚并与焊盘紧密接触，使焊点的温度加热到焊接需要的温度
供给焊锡丝		在烙铁头和连接点的接触部位加上适量的焊锡，熔化焊锡，并使焊锡浸润被焊金属
移出焊锡丝		当焊锡适量熔化后，迅速移开焊锡丝

续表

步骤	图示	说明
移开电烙铁		当焊点上的焊锡扩散接近饱满，助焊剂尚未完全挥发时，沿45°角方向迅速移开电烙铁

操作提示

（1）焊锡丝移开的时间不得迟于电烙铁移开的时间。

（2）完成上述步骤后，焊点应尽量自然冷却。

（3）在焊料完全凝固之前，不能移动被焊件，以防产生假焊现象。

在本任务中，轻触开关、电阻器和连接导线采用直脚插焊的方式进行焊接。

灯珠底座不方便直接焊接在万能板上，需要先采用钩焊的方式在灯座接线柱上焊接两根引出线，然后将引出线采用直脚插焊的方式焊接在万能板上。

（2）整理电路

电路焊接完成后，要将元件引脚和导线的焊接引线多余部分剪去，称为剪脚，剪脚的长度一般为距焊点1 mm处。剪脚后整理、清洁元件面和焊接面，整理完成的电路板如图3-1-4所示。

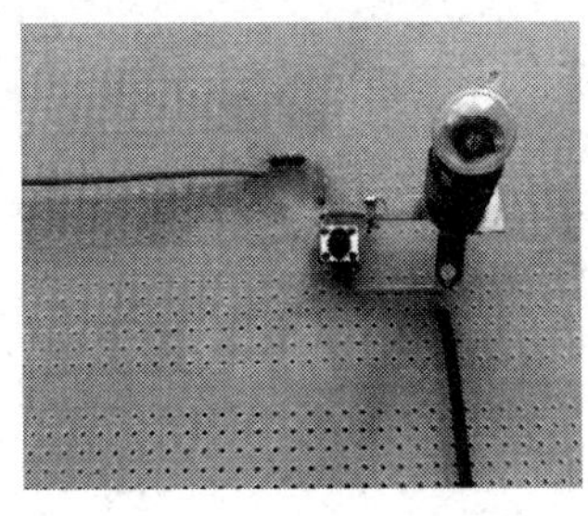

a）

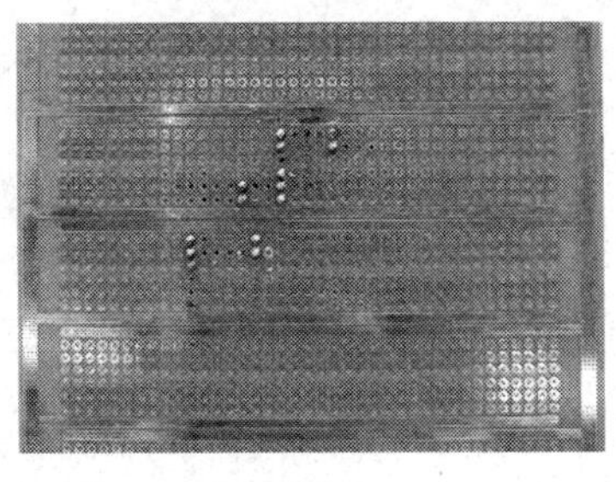

b）

图3-1-4 整理完成的电路板

a）元件面 b）焊接面

3. 检查电路

电路安装、整理和清洁完成后，需按照工艺要求进行电路检查，电路检查项目及工艺要求见表3-1-18。

表3-1-18　电路检查项目及工艺要求

检查项目	工艺要求
元件安装	（1）各元件与原理图一致 （2）轻触开关四根引脚都插入焊盘中 （3）灯珠底座采用钩焊方式，制作出两根引出线 （4）元件布局合理、紧凑 （5）元件安装牢固
电路连接	（1）各元件的连接与原理图一致 （2）轻触开关四根引脚中，只将任两根不相通的引脚接入电路中 （3）导线横平竖直，无交叉
焊接质量	（1）焊点光亮、清洁，焊料适量 （2）无漏焊、虚焊、假焊、搭焊、溅锡等现象 （3）焊盘无剥落、翘曲、撕裂等现象 （4）焊接后元件引脚剪脚，留头长度约1 mm （5）元件焊接牢固

任务2　滤波电路的安装

学习目标

1. 熟悉电容器和电感器的基本结构和分类。
2. 熟悉常见的电容器和电感器及其图形符号。
3. 掌握拆焊的基础知识。
4. 掌握电容滤波电路和电感滤波电路的工作原理。
5. 能正确识读与检测电容器和电感器。
6. 能完成滤波电路的安装与拆焊。

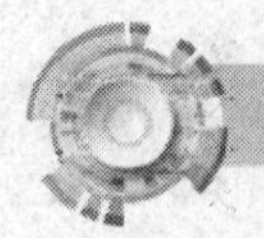

工作任务

电容器是一种储存电能的元件，在电路中通常用于隔直通交、电信号耦合、滤波、消振、旁路、调谐、能量转换和延时等。电感器也是一种储存电能的元件，在电路中起着阻流、变压、传送信号等作用。

本任务要求学生了解电容器和电感器的结构、分类、图形符号及特点等，掌握它们的识别和检测方法，并通过滤波电路的安装、焊接及拆焊，掌握电子电路的安装与拆焊技能。

完成任务需要准备的实训器材见表 3-2-1。

表 3-2-1　实训器材

项目	内容
滤波电路的安装	内热式电烙铁、烙铁架、松香、焊锡丝、电容器、电感器、电阻器、导线、万能板、万用表、锉刀、镊子、斜口钳、吸锡器、直流稳压电源等

相关知识

一、电容器简介

1. 电容器的基本结构和分类

电容器由两块极板及两块极板之间的绝缘介质构成，其引脚分别从两块极板引出。电容器是电子设备中不可缺少的元件。电容器的分类见表 3-2-2。

表 3-2-2　电容器的分类

分类	常见类型
按制造材料分	瓷介电容器、涤纶电容器、钽电容器、聚丙烯电容器
按电解质分	有机介质电容器、无机介质电容器、电解电容器、空气介质电容器
按结构分	固定电容器、可变电容器、微调电容器
按用途分	高频旁路电容器、低频旁路电容器、滤波电容器、调谐电容器、高频耦合电容器、低频耦合电容器、小型电容器

2. 常见的电容器

常用的电容器有电解电容器、瓷介电容器、涤纶电容器等，见表 3-2-3。

表 3-2-3　常见的电容器

名称	图示	特点及应用场合
电解电容器		容量大，误差大，稳定性差，常用作交流旁路、滤波、信号耦合。电解电容器有正、负极之分，使用时不能接反
瓷介电容器	104	体积小，耐热性好，损耗小，绝缘电阻大，但容量小，适用于高频电路
涤纶电容器		体积小，容量大，耐热、耐湿，稳定性差，适用于对稳定性和损耗要求不高的低频电路

3. 常见电容器的图形符号

常见电容器的图形符号见表 3-2-4。

表 3-2-4 常见电容器的图形符号

名称	图形符号
固定电容器	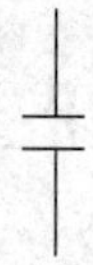
电解电容器	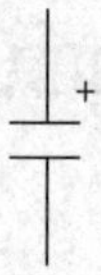 +
可变电容器	

二、电感器简介

1. 电感器的基本结构和分类

电感器一般用铜丝绕在磁环或磁棒上加工而成，有时也绕成空心线圈。电感器的分类见表 3-2-5。

表 3-2-5 电感器的分类

分类	常见类型
按电感量是否可调分	固定电感器、可变电感器、微调电感器
按有无磁芯分	空心电感器、有芯电感器（铁芯或磁芯等）
按绕制特点分	单层电感器、多层电感器、蜂房电感器
按工作频率分	低频电感器、高频电感器

2. 常见的电感器

常见的电感器有空心电感器、磁芯电感器、铁芯电感器、色环电感器及工字电感器等，见表 3-2-6。

表 3-2-6 常见的电感器

名称	图示	特点
空心电感器		线圈中心无骨架或有塑料骨架，容易自制，线圈匝数少，电感量小，常用于高频电路中

续表

名称	图示	特点
磁芯电感器		线圈中心有镍锌铁氧体或锰锌铁氧体等材料制成的磁芯，磁芯有环形、柱形、工字形、帽形、E形等多种形状，常用于高频电路中阻止高频信号通过
铁芯电感器		线圈中心有硅钢片、坡莫合金等材料制成的铁芯，铁芯多制成E形，常用于整流滤波器
色环电感器		磁芯电感器的一种，在磁芯上绕上一些漆包线后再用环氧树脂或塑料封装而成。色环电感器是具有固定电感量的电感器，其电感量标注方法和电阻器一样，都是用色环来表示相应的参数，单位为μH，主要起储能、滤波作用，也用于电路的匹配和信号质量的控制
工字电感器		磁芯电感器的一种，磁芯形状类似于汉字“工”字，在工字磁芯上根据实际需要进行线圈绕制，一般有两根引脚，一根起线，一根收线，用于稳定电流及控制电磁波干扰

3. 常见电感器的图形符号

常见电感器的图形符号见表3-2-7。

表3-2-7　常见电感器的图形符号

名称	图形符号
空心电感器	
有芯电感器	

三、拆焊基础知识

1. 常用的拆焊方法

常见元件的拆焊方法见表3-2-8。

表 3-2-8　常见元件的拆焊方法

拆焊方法	图示	说明
分点拆焊法	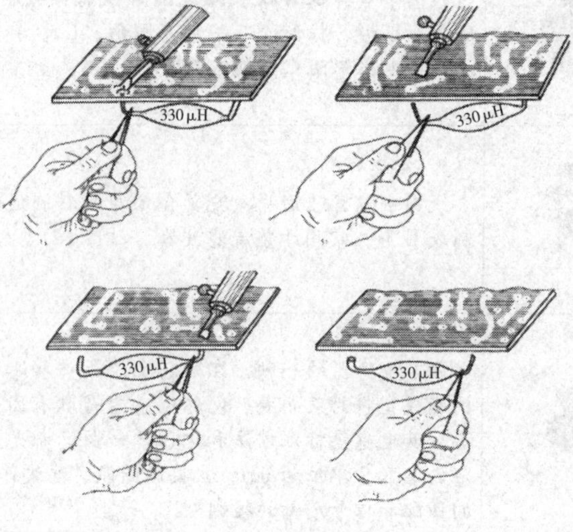	焊接在印制电路板上的阻容器件通常只有两个焊点，两个焊点之间的距离较大，利用电烙铁和镊子先拆除一根引脚的焊点，再拆除另一根引脚的焊点，最后将元件拔出即可
集中拆焊法	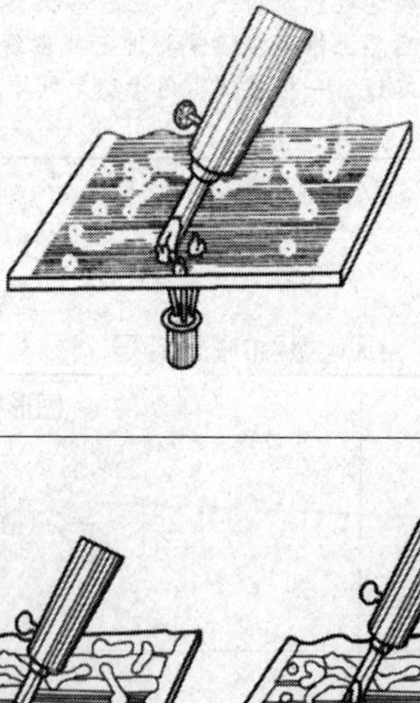	对一些焊点之间距离较小的元件（晶体管、集成电路及其他三引脚以上的元件）进行拆焊时，可以采用集中拆焊法，具体方法是用电烙铁同时交替加热几个焊点，待焊锡熔化后一次拔出元件，操作时要求加热迅速，注意力集中，动作快
间断加热拆焊法	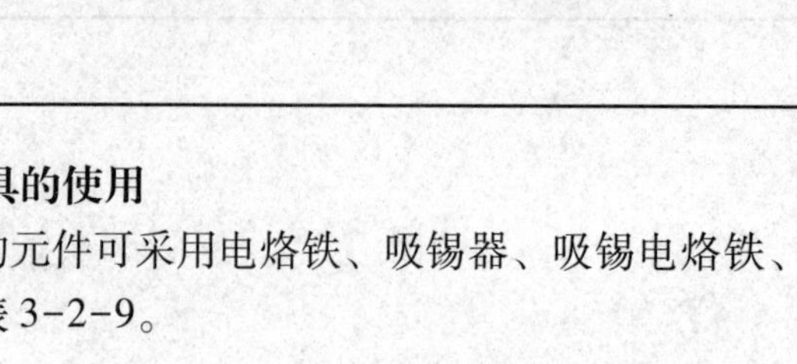	对于一些带有塑料骨架、不耐高温的元件，且其焊点集中、数量较多时，常采用间断加热拆焊法 对焊点加热时，烙铁头在拆焊点上的停留是断续的，通过加热使焊点熔化，断续清除焊锡，以避免一次加热温升过高而损坏骨架

2. 拆焊工具的使用

电路板上的元件可采用电烙铁、吸锡器、吸锡电烙铁、空心针、铜编织线等拆焊工具进行拆焊，见表 3-2-9。

表 3-2-9　拆焊工具的使用

拆焊工具	图示	说明
电烙铁+吸锡器		按下吸锡器末端的弹簧活塞杆，使手柄内部的气囊处于压缩状态，接着用电烙铁对焊点加热直至焊锡熔化，最后按下吸锡器的吸锡按钮，利用其内部气囊恢复原态时的瞬间负压吸走焊点上的焊锡。每次吸锡完毕，建议推动活塞杆 3~4 次，以清除吸管内残留的焊锡残渣，使吸头与吸管畅通
吸锡电烙铁		将吸锡电烙铁预热 3~5 min，然后将活塞柄推下卡住，接着利用升温后的烙铁头熔化焊盘表面及焊盘孔内的焊锡，最后按下吸锡按钮，吸走熔化后的焊锡
电烙铁+空心针		根据元件的引脚直径选择合适的不锈钢空心针头，以针头内径能够套住引脚并适当旋转为宜。接着利用烙铁头熔化焊点，并将空心针针头竖直地插入焊盘孔与元件引脚之间的间隙，略做旋转并迅速移开烙铁头，待焊点的焊锡凝固后停止旋转，拔出针头，即可使元件引脚和拆焊的电路板之间的焊锡连接分离
电烙铁+铜编织线		将铜编织线蘸上松香助焊剂，然后放在将要拆焊的焊点上，再把电烙铁放在铜编织线上加热焊点，待焊点上的焊锡熔化后，铜编织线就会对焊锡进行吸附（焊锡被吸附到铜编织线上），如果焊点上的焊锡一次没有被吸完，则可进行第二次、第三次操作，直到焊锡全部被吸完为止

四、滤波电路的工作原理

脉动直流电虽然其方向不变，但仍有大小变化，仅适用于对直流电要求不高的场合，而且在很多设备中，要求使用电源交流纹波系数很小的平滑直流电，此时可采用滤波电路来减小脉动直流电中的交流成分，常见的电路形式有电容滤波电路和电感滤波电路。

1. 电容滤波电路的工作原理

电容滤波电路由电解电容器 C 与负载电阻器 R 并联组成，原理图如图 3-2-1a 所示。输入的脉动直流电 u_i 可以看成直流分量和交流（脉动）分量叠加而成。由于电解电容器 C 对直流电相当于开路，这样直流电压不能通过 C 接地，只有加到负载 R 上；对于交流分量，因 C 电容量较大，容抗较小，交流分量通过 C 流入接地端，而不能加到负载 R 上。

接入 C 后，波形如图 3-2-1b 所示，输出电压 u_o 变得比较平滑，而且 C 的容量越大，对交流的容抗越小，加在负载 R 上的交流成分越少，滤波效果就越好。

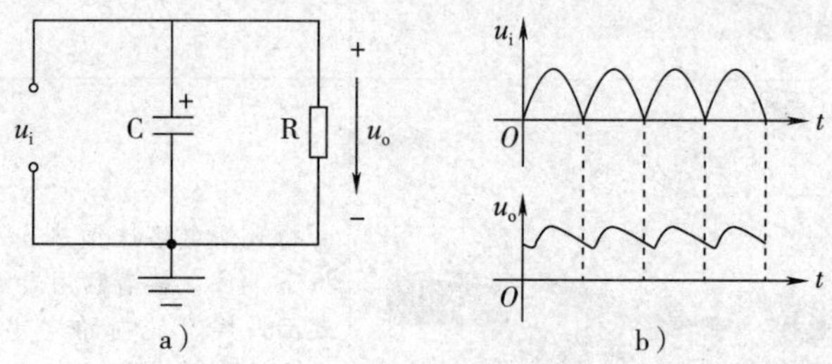

图 3-2-1　电容滤波电路原理图及波形图

a）原理图　b）波形图

2. 电感滤波电路的工作原理

电感滤波电路由电感线圈 L 与负载电阻器 R 串联组成，原理图如图 3-2-2a 所示。滤波电路输入的电压 u_i 可以看成直流分量和交流（脉动）分量叠加而成，因电感线圈的直流电阻很小，交流阻抗很大，故直流分量能够顺利通过，而交流（脉动）分量大部分被电感线圈削弱，这样在负载电阻器 R 上就得到比较平滑的直流输出电压 u_o，波形如图 3-2-2b 所示。

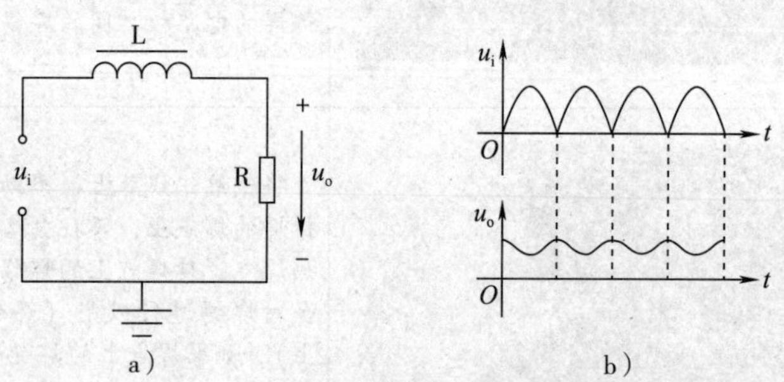

图 3-2-2　电感滤波电路原理图及波形图

a）原理图　b）波形图

任务实施

本任务是识读常用的电容器、电感器，并用指针式万用表进行检测，判断其质量好坏。通过完成电容滤波电路、电感滤波电路的安装，掌握装焊、拆焊的电子基本操作技能。

一、识读与检测电容器

1. 识读电容器

电容器的标注方法有直标法、数码法等，见表 3-2-10。

表 3-2-10　识读电容器

识读方法	图示	标称容量	说明
直标法		2 200 μF/50 V	将标称容量及偏差直接标在电容器外壳上
数码法		10×10^4 pF = 10^5 pF	一般用三位数字表示电容器容量的大小，单位为 pF，其中第一位和第二位为有效值数字，第三位表示倍乘数，即表示有效值后面零的个数

2. 检测电容器

用指针式万用表测量电容器两引脚之间的漏电阻，根据指针摆动的情况判断其质量好坏，具体见表 3-2-11。

表 3-2-11　检测电容器

不同容量	<1 μF	1~47 μF	>47 μF
相应量程	$R\times10$ k	$R\times1$ k	$R\times100$
检测结论	检测现象		说明
正常	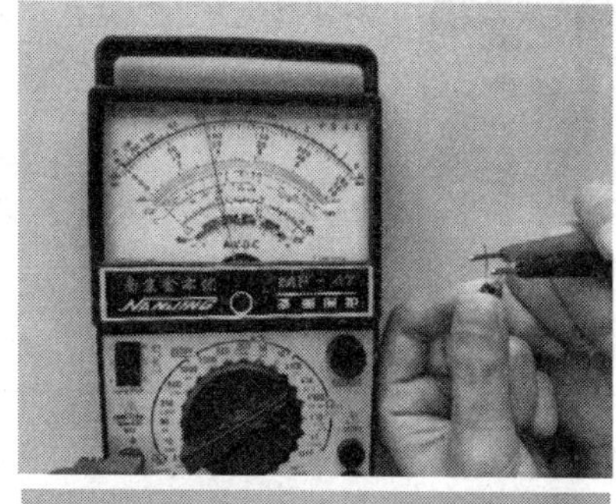 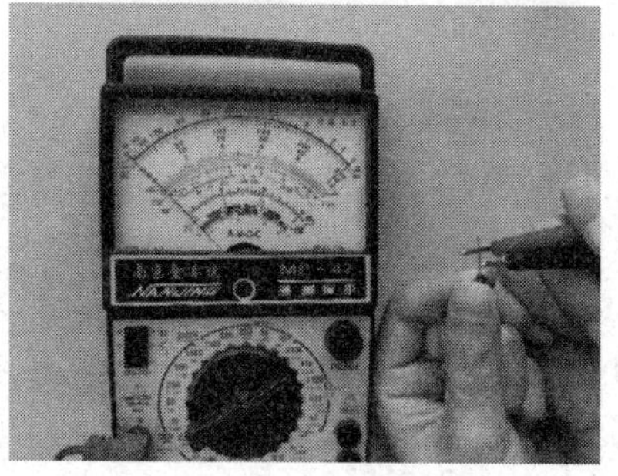		指针先向右偏转，再向左回归，一般指针接近∞的位置 指针向右偏转幅度越大，电容器容量越大 指针向左回转时，越接近∞的位置，说明漏电流越小，电容器性能越好

续表

检测结论	检测现象	说明
失效或断路	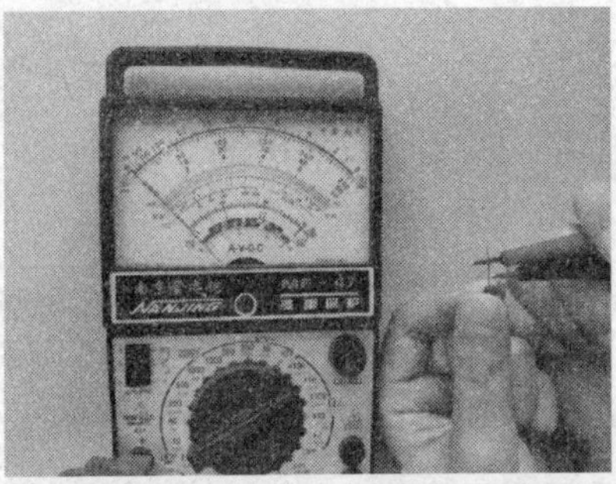	指针不动
击穿或短路		指针不回转
漏电	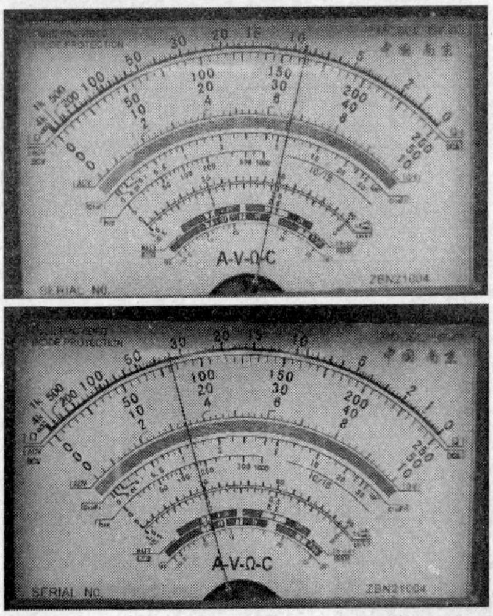	指针先向右偏转，然后向左回转，但指针回转幅度小，且距离∞的位置较远

操作提示

检测电容器前必须保证电容器无电荷才可进行，所以必须先对电容器放电才可以检测，以防止电容器电荷损坏仪表和避免测量误差。

放电方法如下。

（1）将电解电容器的两根引脚短路，把电容器内的残余电荷放掉。

（2）小容量电容器可以用万用表金属表笔将电容器两根引脚短路。

（3）大容量电容器须利用旋具金属部分进行放电。

二、识读与检测电感器

1. 识读电感器

电感器的标注方法有直标法、文字符号法、数码法，见表 3-2-12。

表 3-2-12　识读电感器

标注方法	图示	标称电感	说明
直标法		0.47 μH	将电感器的主要参数直接标注在电感器的外壳上
文字符号法		6.8 μH	常用于小功率电感器的标注，单位为μH和nH。当单位为μH时，用“R”表示小数点，如图中“6R8”为6.8 μH；当单位为nH时，用“N”表示小数点，如“4N7”为4.7 nH
数码法		15×10^{1} μH = 150 μH	一般用三位数字表示电容量的大小，其单位为μH。第一、二位为有效数字，第三位表示倍乘数

2. 检测电感器

用指针式万用表测量电感器线圈的阻值来判断其质量好坏，即检测电感器是否有短路、断路等情况，见表 3-2-13。

表 3-2-13　检测电感器

检测结论	检测现象	说明
正常		一般电感器线圈的直流电阻阻值很小，为零点几欧至几欧。低频扼流圈的直流电阻阻值相对较大，约为几百至几千欧
断路		测得电感器线圈直流电阻阻值为∞

续表

检测结论	检测现象	说明
短路		测得电感器线圈直流电阻阻值为零

三、安装电路

1. 立式插装元件引脚成形

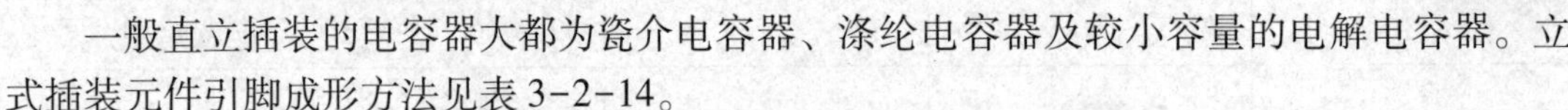
一般直立插装的电容器大都为瓷介电容器、涤纶电容器及较小容量的电解电容器。立式插装元件引脚成形方法见表 3-2-14。

表 3-2-14　立式插装元件引脚成形方法

元件	图示	说明
引脚间距较小的元件		引脚间距较小（小于安装孔的距离）的元件引脚成形时，先用镊子将元件的引脚拉直，再向外弯成 90°，然后对照安装孔的位置，将元件居中、引脚扳直即可
引脚间距适合的元件		引脚间距适合（与安装孔间距一致）的元件引脚成形时，用镊子将元件的两根引脚拉直即可

2. 焊接与检查电容滤波电路

（1）焊接电路

按照图 3-2-1a 所示的电容滤波电路原理图及电路装配的工艺要求进行元件安装、焊接、剪脚和整理，整理完成的电容滤波电路板如图 3-2-3 所示。

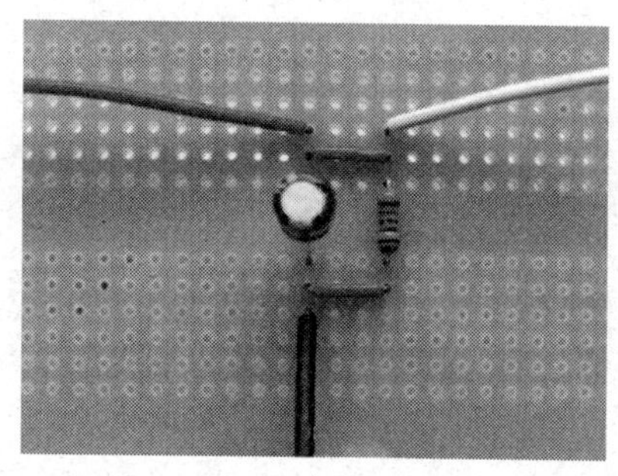
a）

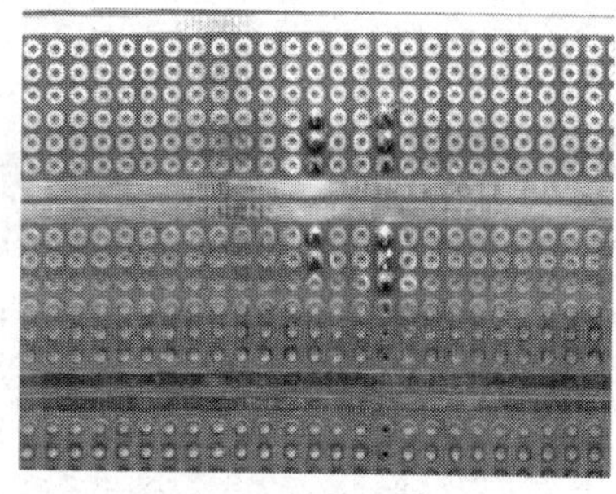
b）

图 3-2-3 整理完成的电容滤波电路板
a）元件面 b）焊接面

（2）检查电路

按照工艺标准检查元件安装、电路连接、焊接质量，电路检查项目及工艺要求见表 3-2-15。

表 3-2-15 电路检查项目及工艺要求

检查项目	工艺要求
元件安装	（1）各元件与原理图一致 （2）元件布局合理、紧凑 （3）电容器、电感器采用立式插装，元件与万能板间距 8 mm （4）电阻器采用卧式插装，元件与万能板间距 5 mm （5）电解电容器插装时正、负极性正确 （6）元件的标称值处于便于观察的位置
电路连接	（1）元件间的连接关系和原理图一致 （2）导线横平竖直，无交叉
焊接质量	（1）焊点光亮、清洁，焊料适量 （2）无漏焊、虚焊、假焊、搭焊、溅锡等现象 （3）焊盘与万能板导线无桥接现象 （4）焊盘周围无残留的焊剂 （5）焊盘无剥落、翘曲、撕裂等现象 （6）焊接后元件引脚剪脚，留头长度约 1 mm

3. 拆焊电容滤波电路

采用分点拆焊法，对电容滤波电路进行拆除，先将电容器、电阻器等元件拆除，然后将连接导线拆除，最后对万能板的焊盘及焊接面进行清理，如图 3-2-4 所示。

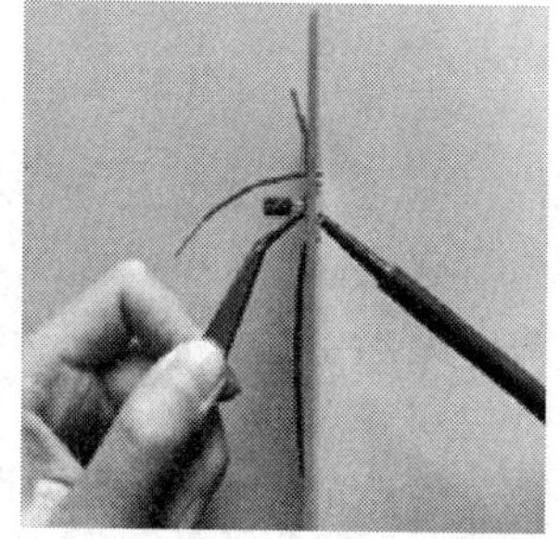

图 3-2-4 电容滤波电路的拆焊

操作提示

（1）拆焊元件一般是先拆高（大、重），后拆低（小、轻）。

（2）拆焊下来的元件引脚要拉直，同时要保证元件的完好性。

（3）保证电路板焊盘铜箔的完好性，不能有翘曲、撕裂、剥落。

（4）清理电路板，保持电路板板面干净、整洁。

4. 焊接与检查电感滤波电路

（1）焊接电路

按照图 3-2-2a 所示的电感滤波电路原理图及电路装配的工艺要求，进行元件的安装、焊接、剪脚和整理，整理完成的电感滤波电路板如图 3-2-5 所示。

a）

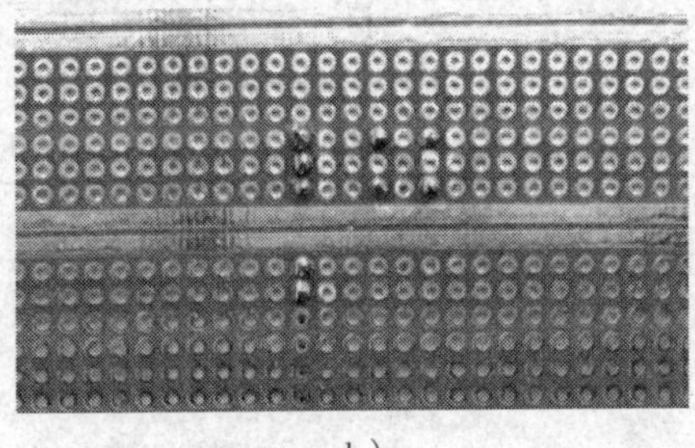

b）

图 3-2-5　整理完成的电感滤波电路板

a）元件面　b）焊接面

（2）检查电路

按照工艺标准检查元件安装、电路连接、焊接质量，检查内容及工艺要求见表 3-2-15。

任务 3　单相桥式整流电路的安装

学习目标

1. 熟悉二极管的结构、符号、分类。
2. 理解二极管的单向导电性。
3. 掌握单相桥式整流电路的工作原理。
4. 能正确识读与判别二极管。
5. 能完成单相桥式整流电路的安装。

工作任务

二极管是用半导体材料制成的一种电子器件，具有单向导电性，即给二极管加上正向电压时，二极管导通；给二极管加上反向电压时，二极管截止。利用二极管的单向导电性，将交流电变换成直流电的电路称为整流电路。整流电路一般可分为半波整流电路、全波整流电路和桥式整流电路。

本任务要求学生正确识读与检测二极管，掌握单相桥式整流电路的安装与焊接技能。

完成任务需要准备的实训器材见表 3-3-1。

表 3-3-1　实训器材

项目	内容
单相桥式整流电路的安装	内热式电烙铁、烙铁架、松香、焊锡丝、整流二极管、开关二极管、稳压二极管、发光二极管、电阻器、导线、万能板、直流稳压电源、万用表、锉刀、斜口钳、镊子等

相关知识

一、二极管简介

1. 二极管的结构和符号

晶体二极管简称二极管，其采用不同的掺杂工艺，将 P 型半导体与 N 型半导体制作在同一块硅或锗基片上，在它们的交界面形成 PN 结，由 P 区引出的电极称为阳极，由 N 区引出的电极称为阴极。PN 结具有单向导电性，二极管导通时电流由阳极通过二极管内部流向阴极。二极管的结构和图形符号如图 3-3-1 所示，文字符号为“VD”。

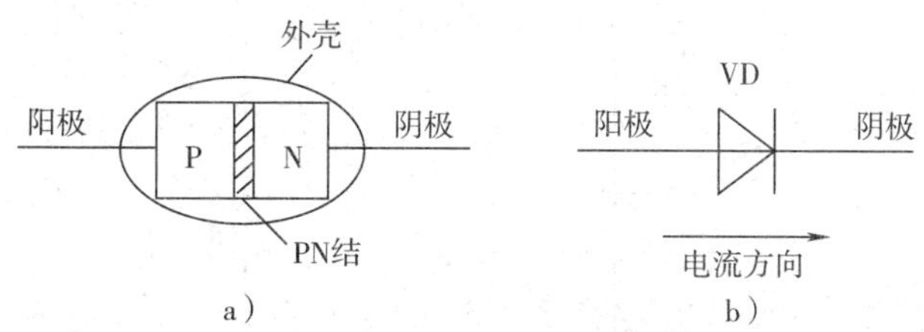

图 3-3-1　二极管的结构和图形符号

a）结构　b）图形符号

2. 二极管的分类

二极管的种类很多，分类方法也不尽相同，见表 3-3-2。

表 3-3-2　二极管的分类

分类	常见类型
按材料分	锗二极管、硅二极管、砷化镓二极管
按制作工艺分	点接触型二极管、面接触型二极管、平面型二极管
按用途分	整流二极管、检波二极、开关二极管、阻尼二极管、稳压二极管、发光二极管、光电二极管、双向二极管、双向击穿二极管、变容二极管、热敏二极管等
按封装形式分	玻璃封装二极管、塑料封装二极管、金属封装二极管
按工作频率分	高频二极管、低频二极管
按功率分	大功率二极管、中功率二极管、小功率二极管

3. 二极管的单向导电性

二极管最重要的特性就是单向导电性。在二极管电路中，电流只能从二极管的阳极流入，阴极流出。

（1）正向特性

将二极管的阳极接在高电位端，阴极接在低电位端，二极管就会导通，这种连接方式称为正向偏置。导通后二极管两端的电压基本保持不变（锗管约为 0.3 V，硅管约为 0.7 V），称为二极管的“正向压降”。

（2）反向特性

将二极管的阳极接在低电位端，阴极接在高电位端，此时二极管中几乎没有电流流过，二极管处于截止状态，这种连接方式称为反向偏置。二极管处于反向偏置时，仍然会有微弱的反向电流流过二极管，称为漏电流，这个电流只有微安级甚至纳安级。

当二极管两端的反向电压增大到某一数值时，反向电流会急剧增大，二极管将失去单向导电特性，这种状态称为二极管的击穿。

二、单相桥式整流电路的工作原理

单相桥式整流电路由单相交流电源 u_i、四个整流二极管 VD1 ~ VD4 及负载电阻器 R 组成，其原理图如图 3-3-2 所示。此电路能够将交流电压 u_i 转换成单向脉动的直流电压 u_o。

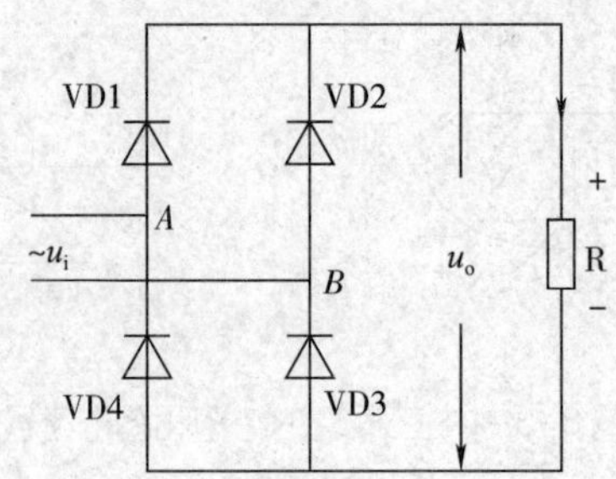

图 3-3-2　单相桥式整流电路原理图

单相桥式整流电路整流波形如图 3-3-3 所示。

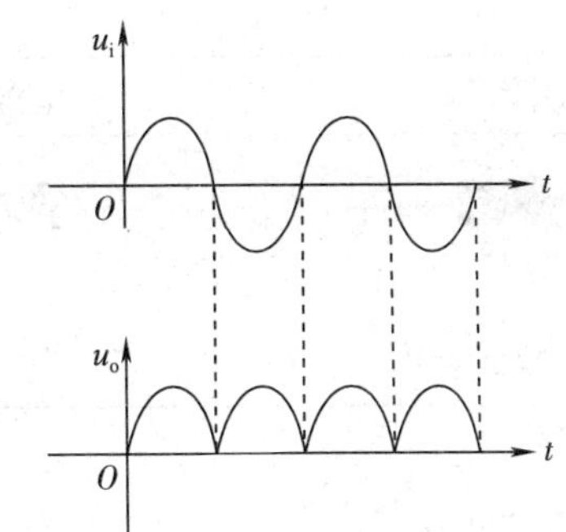

图 3-3-3　单相桥式整流电路整流波形

当 u_i 为正半周时，A 正 B 负，VD1、VD3 因正偏而导通，VD2、VD4 因反偏而截止，电流流向为 A→VD1→R→VD3→B，电流自上而下流过负载电阻器 R，在负载电阻器 R 上得到上正下负的电压。

当 u_i 为负半周时，B 正 A 负，VD2、VD4 因正偏而导通，VD1、VD3 因反偏而截止，电流流向为 B→VD2→R→VD4→A，电流也自上而下流过负载电阻器 R，在负载电阻器 R 上得到上正下负的电压。

由此可见，在交流电压 u_i 的正、负半周期间，负载电阻器 R 上都有电流流过，负载两端都有电压输出，而且方向始终不变。

任务实施

二极管是电子设备中不可缺少的元件，在电路中可以起到整流、稳压、开关、续流和检波等作用。本任务是正确识读与判别二极管，完成单相桥式整流电路的安装与焊接，熟练掌握电子电路的装配和焊接技能。

一、识读与判别二极管

1. 识读二极管型号

常见的二极管有整流二极管、开关二极管、稳压二极管和发光二极管，其型号见表 3-3-3。

表 3-3-3　识读二极管型号

种类	图示	型号	图形符号
整流二极管		1N4001	
开关二极管		1N4148	

续表

种类	图示	型号	图形符号
稳压二极管		2CW7D	
发光二极管		ϕ3 mm，红	

2. 判别二极管的极性

根据二极管正向电阻小、反向电阻大的特点，可判别二极管的极性，如图 3-3-4 所示。

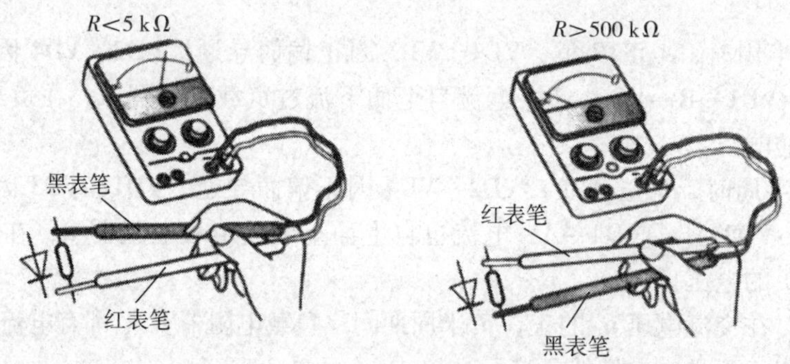

图 3-3-4　二极管的极性判别

将万用表置于 R×100 或 R×1 k 挡，并将两表笔短接进行欧姆调零。注意，指针式万用表的红表笔是与表内电池负极相连的，黑表笔是与表内电池正极相连的。将红、黑两根表笔跨接在二极管两端，若测得阻值较小（几千欧以下），再将红、黑表笔对调后接在二极管两端，测得的阻值较大（几百千欧），测得阻值较小的那一次黑表笔所接为二极管的阳极。

3. 简单判别二极管的质量

可以使用万用表测试二极管性能的好坏。测试前先把万用表的转换开关拨到 R×100 挡（注意不要使用 R×1 挡，以免电流过大烧坏二极管），再将红、黑两根表笔短接进行欧姆调零。二极管质量的简单判别见表 3-3-4。

表 3-3-4　二极管质量的简单判别

测量项目	图示	质量判别
正向电阻		用万用表的黑表笔触碰二极管的阳极，用红表笔触碰二极管的阴极，若指针停在刻度盘 1/3～2/3 的位置，则阻值为二极管的正向电阻；若指针指在 0 Ω 的位置，说明二极管短路损坏；若指针指在接近∞的位置，说明二极管断路

续表

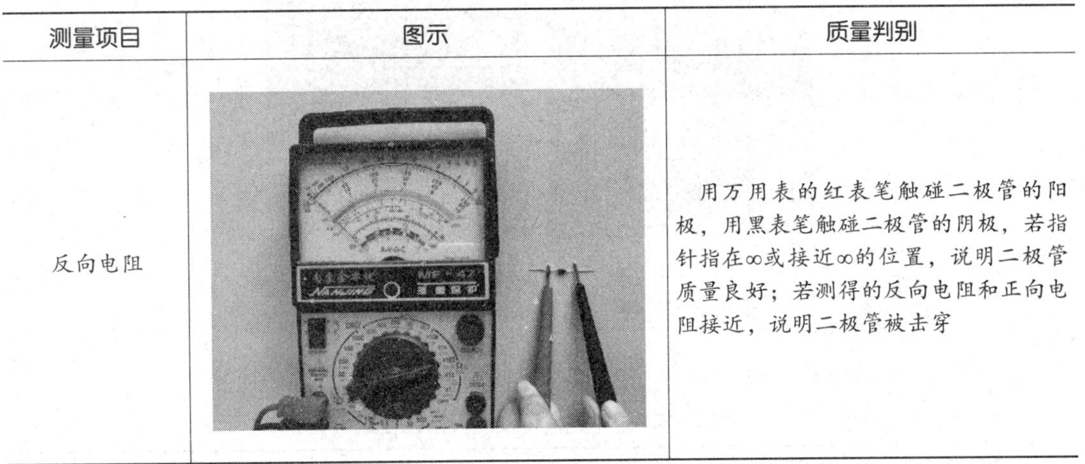

测量项目	图示	质量判别
反向电阻		用万用表的红表笔触碰二极管的阳极，用黑表笔触碰二极管的阴极，若指针指在∞或接近∞的位置，说明二极管质量良好；若测得的反向电阻和正向电阻接近，说明二极管被击穿

二、安装电路

1. 预处理元件引脚

二极管属于两引脚元件，引脚成形按照两引脚元件成形的方法操作，如图 3-3-5 所示。

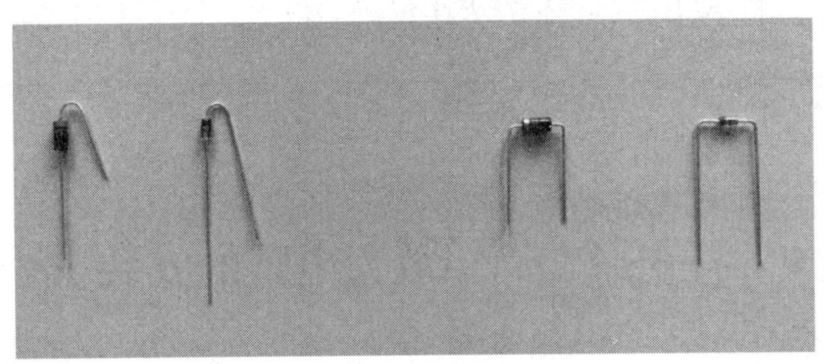

图 3-3-5　二极管的引脚成形

立式插装二极管在成形时，对于塑封二极管，先用镊子将二极管两引脚拉直，然后用 ϕ0. 3 mm 的钟表旋具作固定面将二极管（标记向上）的负极引脚弯成半圆形即可；对于玻璃封装二极管，需距二极管本体（标记向上）约 2 mm 处，将其负极引脚弯成形。

卧式插装二极管在成形时，对于塑封二极管，先用镊子将二极管两引脚拉直，然后在距二极管本体 1~2 mm 处分别将其两引脚弯成直角；玻璃封装二极管在距本体 3~4 mm 处成形。

2. 焊接电路

按照图 3-3-2 所示的单相桥式整流电路原理图，进行元件的安装、电路的连接，采用直脚焊接的方式对元件和导线进行焊接，焊接完成后进行剪脚、清洁和整理，整理完成的单相桥式整流电路板如图 3-3-6 所示。

3. 检查电路

电路安装、整理完成后需按照工艺要求进行电路检查，电路检查项目及工艺要求见表 3-3-5。

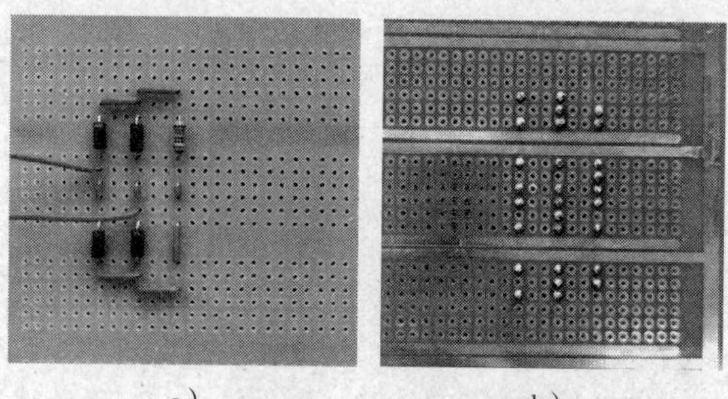

图3-3-6　整理完成的单相桥式整流电路板

a）元件面　b）焊接面

表3-3-5　电路检查项目及工艺要求

检查项目	工艺要求
元件安装	（1）二极管、电阻器与原理图一致 （2）二极管、电阻器采用卧式插装 （3）元件布局合理、紧凑 （4）二极管的安装高度一致，距万能板 3 ~5 mm （5）二极管标有白色环的方向应一致
电路连接及焊接质量	具体工艺要求见表 3-2-15

任务4　简单放大电路的安装

学习目标

1. 熟悉三极管的结构、符号和分类。
2. 理解三极管的三种工作状态、工作条件和特点。
3. 掌握简单放大电路的工作原理。
4. 能正确识读与判别三极管。
5. 能完成简单放大电路的安装。

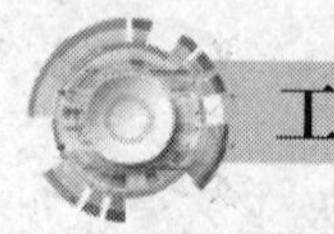

工作任务

三极管，全称半导体三极管，也称双极型晶体管、晶体三极管，是一种控制电流的半导体器件。其作用是把微弱的电信号放大成幅度值较大的电信号，也用作无触点开关。

本任务要求学生正确识别和检测三极管以及安装、焊接由三极管构成的简单放大电路。

完成任务需要准备的实训器材见表3-4-1。

表3-4-1 实训器材

项目	内容
简单放大电路的安装	内热式电烙铁、烙铁架、松香、焊锡丝、三极管、电阻器、电容器、导线、万能板、直流稳压电源、万用表、锉刀、镊子等

一、三极管简介

1. 三极管的结构和符号

三极管是一种半导体器件，具有电流放大作用。三极管是在一块半导体基片上制作两个相距很近的PN结，两个PN结把整块半导体分成三部分，中间部分是基区，两侧部分是发射区和集电区，排列方式有PNP和NPN两种。从三个区引出相应的电极，分别为基极b、发射极e和集电极c。三极管的结构和符号如图3-4-1所示，文字符号为V或VT。

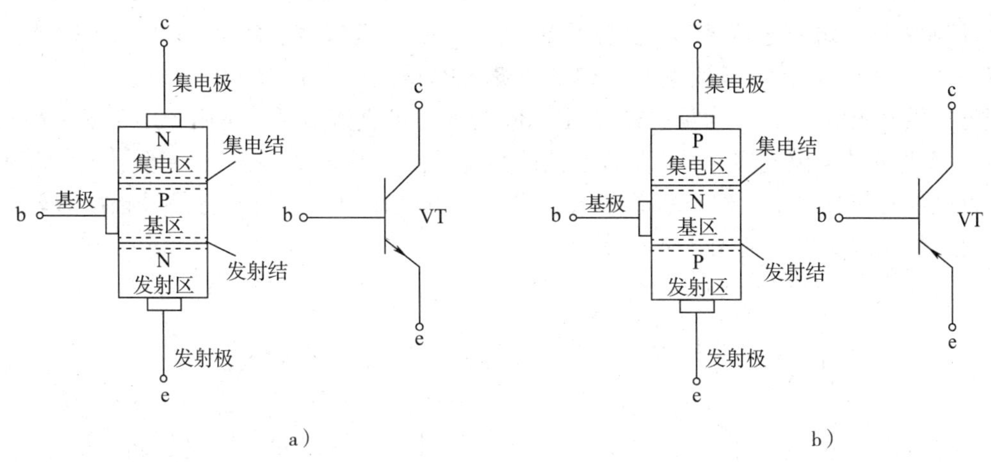

图3-4-1 三极管的结构和符号

a）NPN型 b）PNP型

2. 三极管的分类

三极管可按照结构工艺、制造材料、允许耗散功率、工作频率等进行分类，见表3-4-2。

表 3-4-2　三极管的分类

分类	常见类型
按结构工艺分	PNP 型三极管、NPN 型三极管
按制造材料分	锗三极管、硅三极管
按允许耗散功率分	小功率三极管、中功率三极管、大功率三极管
按工作频率分	低频三极管、高频三极管

3. 三极管的三种工作状态

下面以 NPN 型三极管为例，说明三极管的三种工作状态，见表 3-4-3。

表 3-4-3　NPN 型三极管的三种工作状态

工作状态	截止	放大	饱和
工作条件	发射结反偏，集电结反偏	发射结正偏，集电结反偏	发射结正偏，集电结正偏
特点	$I_B=0$，$U_{CE}\approx V_{CC}$ 集电极仅有很小的漏电流 I_{CEO}，称为穿透电流	这时 $I_C=\beta I_B$，三极管的管压降为 $U_{CE}=V_{CC}-I_C R_C$	$I_C\approx\frac{V_{CC}}{R_C}$，$U_{CE}\approx 0$ 这时不论 I_B 再怎样增大，I_C 也不再增大

三极管处于放大工作状态时，在电路中起电流放大作用；三极管处于截止及饱和状态时，在电路中起开关作用。

二、简单放大电路的工作原理

简单放大电路由三极管 VT，电阻 R1、R2、R3、R4，电容 C1、C2、C3 构成，如图 3-4-2 所示。R1 为上偏置电阻，R2 为下偏置电阻，电源 V_{CC} 经电阻 R1、R2 分压后为三极管提供基极电压，R3 为集电极电阻，R4 为发射极直流负反馈电阻，用于稳定静态工作点，C3 为交流旁路电容，可以提高电路的交流增益。当输入端接入交流信号 u_i，其被叠加在基极的直流分量上，经三极管放大后得到集电极输出信号波形，信号幅度有较大增加，且相位相差 180°，如图 3-4-3 所示。

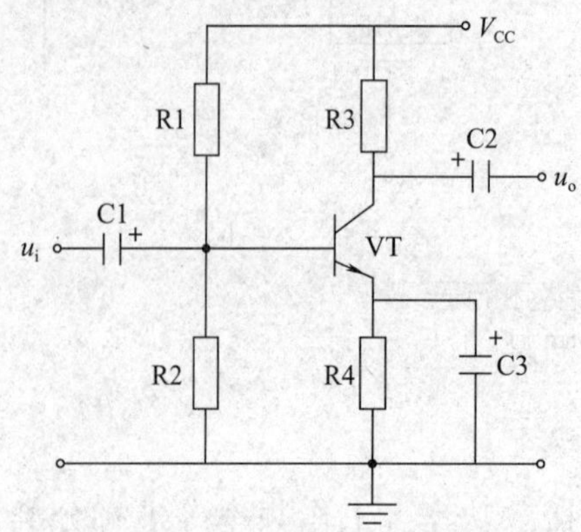

图 3-4-2　简单放大电路原理图

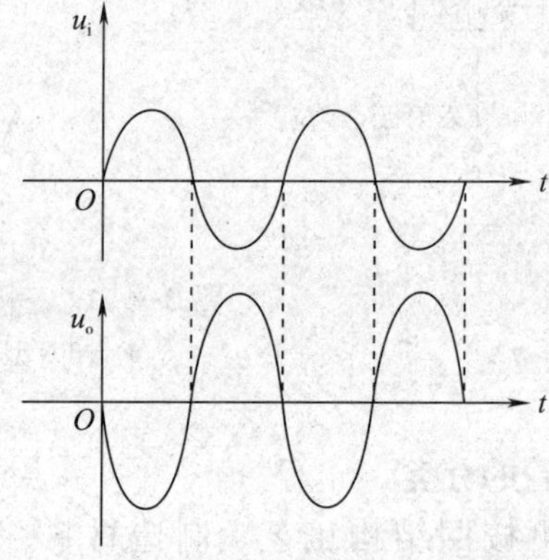

图 3-4-3　简单放大电路信号输入输出波形图

任务实施

三极管是电子电路中最常用的一种基本元件，在模拟电路中起着电流放大的作用，在数字电路中起着无触点开关的作用。本次任务是识读三极管的引脚，判别三极管的管型和极性，通过完成简单放大电路的安装和焊接，进一步掌握电子基本操作技能。

一、识读与判别三极管

1. 识读三极管引脚

几种常见的三极管封装形式与引脚排列见表 3-4-4。

表 3-4-4 几种常见的三极管封装形式与引脚排列

类型	图示	引脚排列
大功率金属封装三极管	c, e, b, 安装孔, 安装孔	面对管底，使引脚位于左侧，下面的引脚是基极 b，上面的引脚是发射极 e，管壳是集电极 c，管壳上的两个安装孔用来固定三极管
小功率金属封装三极管	b, e, c, 定位销	面对管底，由定位销标志起，按顺时针方向，引脚依次为发射极 e、基极 b、集电极 c
中功率塑封三极管	b c e	面对管正面（型号打印面），散热片为管背面，引脚向下，从左至右依次为基极 b、集电极 c、发射极 e
小功率塑封三极管	S9013, e b c	面对有字面，引脚向下，从左至右依次为发射极 e、基极 b、集电极 c

2. 判别三极管的管型和极性

（1）判别三极管的管型

PN 结的特性是正向导通、反向截止，可以利用 PN 结的这个特性来判别三极管的管型。将万用表拨至 $R\times100$（或 $R\times1$ k）挡，用黑表笔接触三极管的一根引脚，红表笔分别接触另外两根引脚，如图 3-4-4 所示，测得一组（两个）阻值；用黑表笔依次换接三极管其余两根引脚，重复上述操作，又测得两组阻值。将测得的三组阻值进行比较，若某一组中的两个阻值都很小，则说明被测管是 NPN 型。采用同样的方法，用红表笔接触三极管的一根引脚，黑表笔分别接触另外两根引脚，测得三组阻值，若某一组中的两个阻值都很小，则说明被测管是 PNP 型。

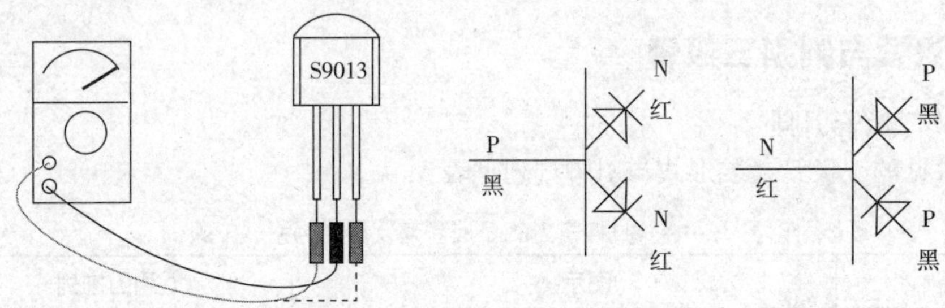

图 3-4-4　三极管管型判别

（2）判别三极管的极性

三极管极性判别步骤见表 3-4-5。

表 3-4-5　三极管极性判别步骤

步骤	图示	说明
准备		确定万用表的挡位，对于功率在 1 W 以下的中小功率管，可选用万用表 $R\times1$ k 或 $R\times100$ 挡测量。不能用 $R\times1$ 挡测量，因为 $R\times1$ 挡的电流较大；同时也不能用 $R\times10$ k 挡测量，因为 $R\times10$ k 挡的电压对 PN 结正向压降太高，测量时容易损坏三极管
判别三极管的基极		三极管为 NPN 型：用黑表笔接触某一根引脚，红表笔分别接触另外两根引脚，如果两次测量的读数都很小，则黑表笔接触的那一根引脚就是基极

续表

步骤	图示	说明
判别三极管的基极		三极管为 PNP 型：用红表笔接触某一根引脚，黑表笔分别接触另外两根引脚，如果两次测量的读数都很小，则红表笔接触的那一根引脚就是基极
判别三极管的发射极和集电极	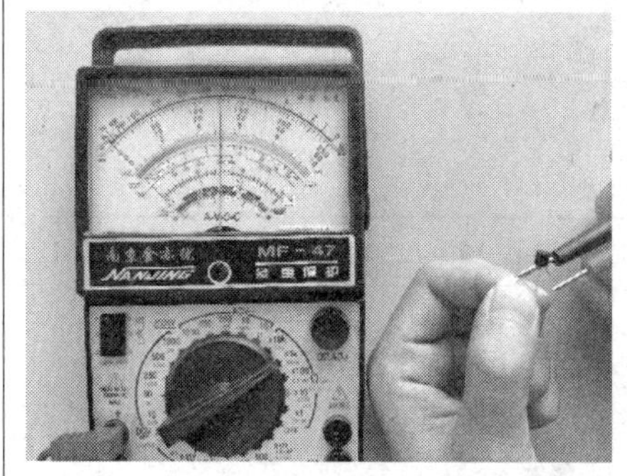 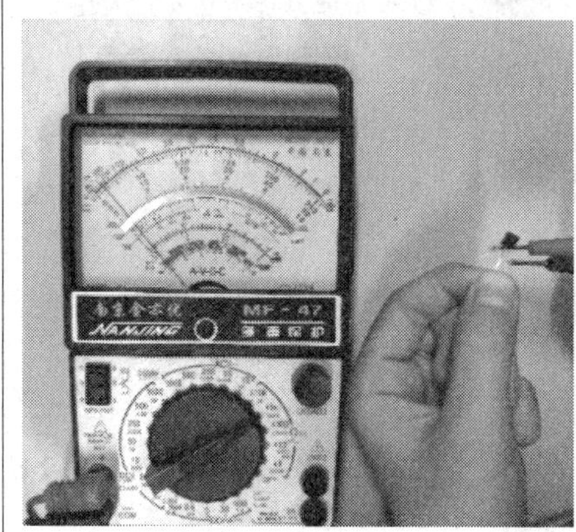	三极管为 NPN 型：确定基极后，再假定其余两根引脚中的一根是集电极，将黑表笔接到此引脚上，红表笔接到假定的发射极上，用手指把假定的集电极和已测出的基极捏住（注意不要相碰），看万用表指针的读数，并记下此时的阻值，然后再做反向假设，即把原来假设的集电极的引脚重新假设为发射极，进行同样的测量，并记下此时的阻值，比较两次读数的大小，阻值较小的假设是正确的，此时相当于在基极加上基极电流，三极管处于导通状态，电流的流向是黑表笔→集电极→基极→发射极→红表笔，因此黑表笔接的引脚是集电极，剩下的一根引脚是发射极 三极管为 PNP 型：调换使用的表笔，判别步骤与 NPN 型三极管的判别步骤一致

操作提示

(1) 指针式万用表的黑表笔与内部电池正极相连，红表笔与内部电池负极相连。

(2) 判别集电极和发射极时，用拇指和食指捏住基极和假设的集电极，注意基极和假设的集电极不能直接接触，而是通过手指连接，此时手指相当于一个较大的偏置电阻。

二、安装电路

1. 三引脚元件的引脚成形

三极管属于三引脚元件，三引脚元件的插装方式分为直排式和跨排式，如图 3-4-5 所示。

图 3-4-5　三引脚元件的插装方式

a）直排式　b）跨排式

三引脚元件的引脚成形方法见表 3-4-6。

表 3-4-6　三引脚元件的引脚成形方法

插装方式	图示	说明
直排式		三极管直排式插装成形时，先用镊子将三极管的 3 根引脚拉直，分别将两边引脚向外弯 60° 倾斜，然后根据插孔间距的位置使元件居中并将倾斜的引脚扳直
跨排式		三极管跨排式插装成形时，先用镊子将三极管的 3 根引脚拉直，然后将中间的引脚向前或向后弯成 90° 倾斜，并根据插孔间距的位置将倾斜的引脚扳直

2. 焊接电路

按照图 3-4-2 所示简单放大电路原理图完成电路元件的安装和导线的连接，安装完成后采用直脚焊接的方式对元件和导线进行焊接，焊接完成后进行剪脚、清洁和整理，整理完成的简单放大电路板如图 3-4-6 所示。

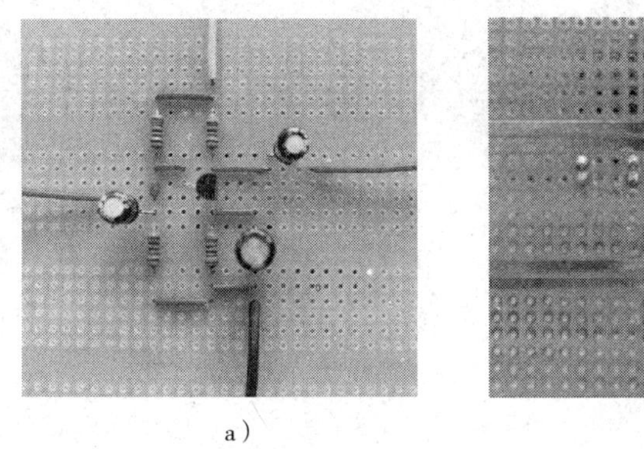

a）　　　　b）

图 3-4-6　整理完成的简单放大电路板

a）元件面　b）焊接面

3. 检查电路

电路安装、整理完成后需按照工艺要求进行电路检查，电路检查项目及工艺要求见表 3-4-7。

表 3-4-7　电路检查项目及工艺要求

检查项目	工艺要求
元件安装	（1）元件与原理图一致 （2）电解电容极性正确 （3）元件布局合理、紧凑 （4）元件安装牢固 （5）三极管距电路板 4～6 mm，引脚间距 2～4 mm （6）三极管的三个电极连接正确
电路连接及焊接质量	具体工艺要求见表 3-2-15

课题四
钳工基本技能

任务1　划　线

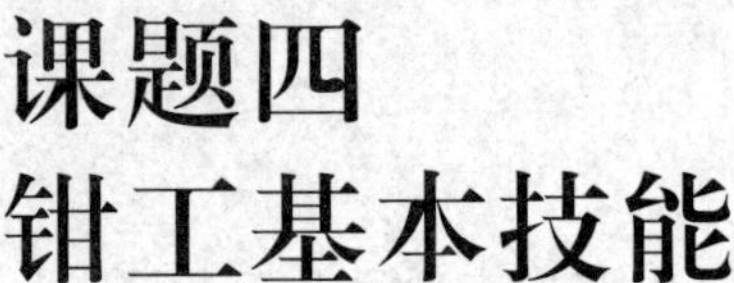

学习目标

1. 熟悉常用的划线工具。
2. 掌握钳工划线的一般步骤。
3. 能正确使用划线工具进行划线。

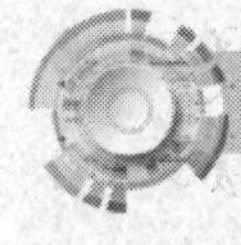

工作任务

錾口锤制作是钳工基本技能学习任务的典型工作任务之一，它的制作过程涵盖了钳工操作的各项基本技能：划线、錾削、锯削、锉削、孔加工和装配。本任务要求学生学习錾口锤制作的第一步——划线，学会使用划线工具在圆钢上划出錾口锤锤头长方体轮廓线。

完成任务需要准备的实训器材见表4-1-1。

表4-1-1　实训器材

项目	内容
划线	ϕ35 mm×122 mm圆钢
	V形铁、钳工划线平台、高度游标卡尺、90°角尺等

一、常用的划线工具

划线是利用划线工具在原料或工件上划出需要的加工基准和加工界限。划线工具按照用途可以分为基准工具，如划线平台、V 形铁、三角铁、各种分度头等；量具，如千分尺、游标卡尺等；绘制工具，如划针、划线盘、高度游标卡尺、划规、样冲等；辅助工具，如台虎钳、垫铁、千斤顶、夹头、夹钳等。

常用钳工划线工具的用途见表 4-1-2。

表 4-1-2　常用钳工划线工具的用途

名称	图示	用途
划线平台		划线平台一般由铸铁制成，具有较好的平面度，适用于大型工件的划线。工作时要使划线平台的工作平面处于水平状态
V 形铁		V 形铁一般由铸铁或碳钢精制而成，相邻各面互相垂直，用来支撑圆形工件，以便于找中心和划中心线
高度游标卡尺		高度游标卡尺由游标卡尺和尺架组成，调节螺钉可以移动游标卡尺的位置，尺尖焊有硬质合金，可以完成尺寸的量取，也可以直接划线

续表

名称	图示	用途
划规	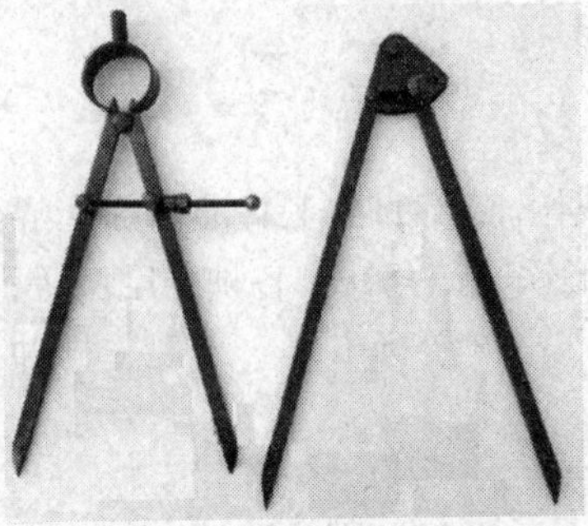	划规由工具钢或不锈钢制成，两脚尖端淬硬，硬度高，耐磨，用于量取尺寸、定角度、划线段、划圆等
划线盘	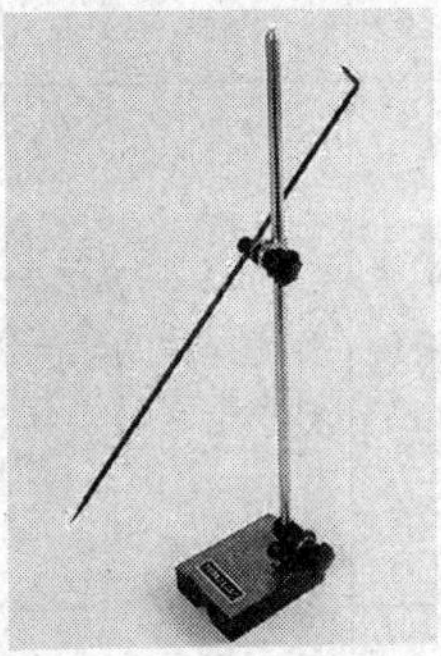	划线盘常用于在工件上划线和校正工件的位置。划针一端（尖端）一般都焊上硬质合金作划线用，另一端制成弯头用于校正工件的位置
样冲	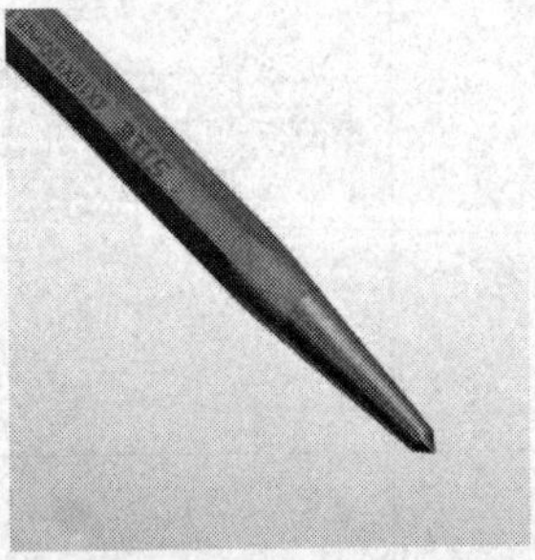	样冲一般由工具钢制成，尖部淬硬，用于在已经划好的线上冲眼，可以完成划线标记、确定尺寸界限以及中心的操作
台虎钳		台虎钳装置在工作台上，用于夹紧加工工件，辅助完成钳工加工操作，分为固定式和转盘式，转盘式可360°旋转，适用范围比固定式更广泛

二、钳工划线的一般步骤

钳工划线的一般步骤见表 4-1-3。

表 4-1-3　钳工划线的一般步骤

步骤	内容
看图	熟悉图样，了解工艺要求和尺寸，选定划线基准和划线部位
看工件	了解工件尺寸，正确安放工件，选用划线工具
检查毛坯	检查毛坯数据，估算加工余量
划线	按照图样要求，使用适合的工具划线
检查划线部位	检查划线部位是否齐全、准确
标记	根据图样要求，在需要标记的位置、界限位置用样冲冲点标记

一、认识、使用高度游标卡尺

高度游标卡尺是利用游标原理对装置在尺框上的划线量爪工作面与底座工作面相对移动分隔的距离进行读数的一种测量器具，其读数方法同游标卡尺，如图 4-1-1 所示。高度游标卡尺既可以用于测量工件的高度尺寸、相对位置，又可以完成精密划线操作。高度游标卡尺的使用方法见表 4-1-4。

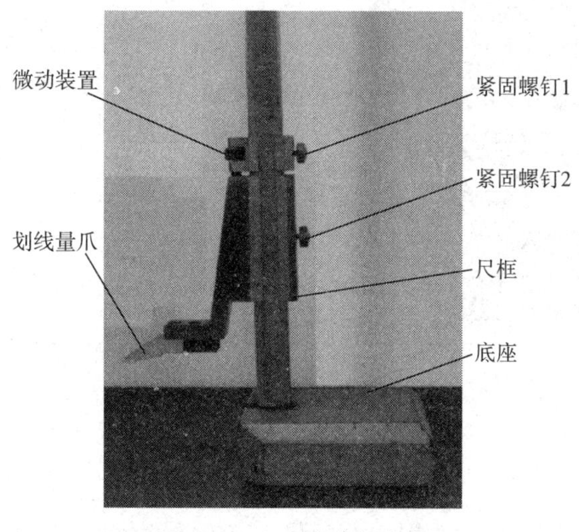

图 4-1-1　高度游标卡尺

表 4-1-4　高度游标卡尺的使用方法

步骤	图示	说明
预调		移动尺框，使划线量爪接近于需要的高度尺寸，再拧紧紧固螺钉 1
微调		调节微动装置，使划线量爪对准所需尺寸，再拧紧紧固螺钉 2
划线		用一只手握住底座并稍加压力，另一只手推动划线量爪沿着平板均匀地滑动，在被测件上划出需要的水平线

二、划线

1. 图样分析

錾口锤的锤头是长方体料，选用的原料是 $\phi 35$ mm 圆钢，首先要在圆钢上划出长方体料的轮廓线，划线加工图样如图 4-1-2 所示。

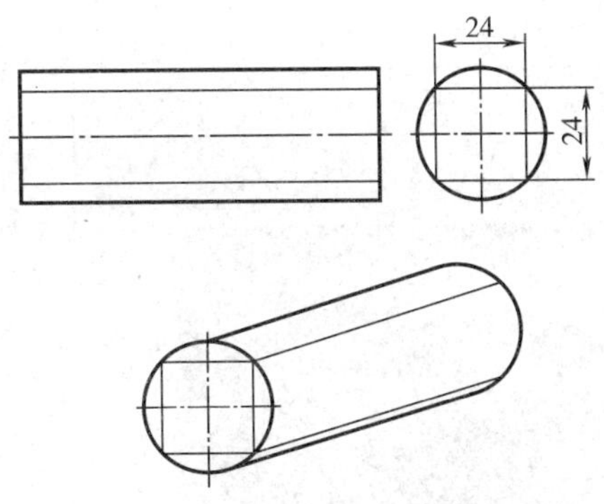

图 4-1-2　划线加工图样

在圆钢端面及外圆处划出 24 mm×24 mm 长方体加工轮廓线，这是进行錾口锤制作的备料准备工作。

2. 划线

在圆柱工件上划线的操作步骤见表 4-1-5。

表 4-1-5　在圆柱工件上划线的操作步骤

步骤	图示	说明
测量工件外圆最高点		在平板上用 V 形铁装置工件，用高度游标卡尺测出工件外圆最高点的尺寸
划工件中心线		调整高度游标卡尺，降低高度尺寸至工件中心高度 H 调节高度尺寸 H 中心高度 H=最高点尺寸-工件半径。左手压住工件，右手推动划线量爪，利用划线量爪尖角在工件两端面划出水平中心线

续表

步骤	图示	说明
划第一条线		调整高度游标卡尺，升高高度尺寸至高度 L_1 L_1 调节高度尺寸 L_1 L_1 = 中心高度 H+12 mm。在工件两端面及侧面划出四周线条
将工件旋转 90°		转动工件，利用 90° 角尺检查旋转角度，保证工件旋转 90°
划第二条线		保持高度游标卡尺示值不变，划出第二条线
将工件旋转 90°		再次同向旋转工件 90°，利用 90° 角尺检查旋转角度
划第三条线		保持高度游标卡尺示值不变，划出第三条线

续表

步骤	图示	说明
划第四条线	方法同前面的步骤	
完成划线		—

操作提示

(1) 熟悉图样，了解划线的位置，分析划线顺序。

(2) 夹持工件要稳固，避免工件移动或松脱。

(3) 正确选择划线工具，划出的线要清晰。

(4) 一次夹持应将要划的平行线全部划完，避免再次夹持补划造成误差。

(5) 划线要准确，要反复检查、核对尺寸，避免加工后尺寸错误造成废料。

任务2 錾 削

学习目标

1. 熟悉常用的錾削工具。
2. 掌握錾削基础知识。
3. 能正确使用錾削工具进行錾口锤锤头的錾削加工。

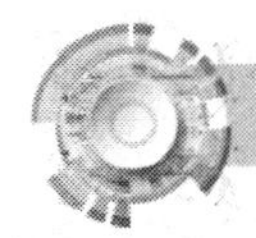

工作任务

用手锤敲击錾子对金属进行切削加工的操作方法称为錾削。本任务是錾口锤制作的第二步，要求学生在备料材料划线后的圆钢上进行錾削操作，完成长方体锤头的錾削初加工。

完成任务需要准备的实训器材见表 4-2-1。

表 4-2-1 实训器材

项目	内容
錾削	完成划线操作的 ϕ35 mm×122 mm 圆钢
	游标卡尺、刀口形直尺、90°角尺、塞尺、高度游标卡尺、扁錾、手锤等

相关知识

一、常用的錾削工具

完成錾削操作主要使用各类錾子和手锤。

1. 錾子

（1）錾子的种类

錾子是錾削工件用的刀具，常用的錾子有扁錾、尖錾、油槽錾三种，见表 4-2-2。

表 4-2-2 常用的錾子

名称	图示	用途
扁錾		扁錾又称阔錾、平錾，用于去除凸缘、毛刺，切割及錾削平面，是用途最广的一种錾子
尖錾		尖錾又称狭錾、窄錾，主要用于錾槽和分割曲线形板料
油槽錾		油槽錾又称油錾，主要用于錾削润滑油槽

（2）錾子的几何角度

錾子由錾身和切削部分组成，其切削部分呈楔形。錾子的錾削角度如图 4-2-1 所示。前刀面与后刀面的夹角称为楔角，是决定錾子切削性能和强度的重要参数，楔角越大，切削性能越差。

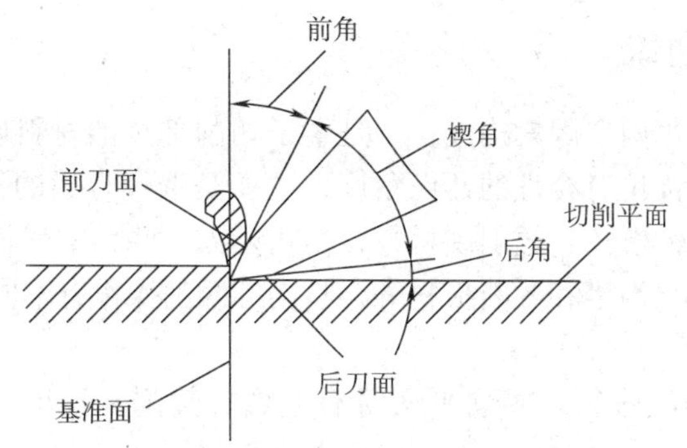

图 4-2-1　錾子的錾削角度

根据工件材料不同选择不同锲角的錾子，工具钢、铸铁工件选取 60°～70°的锲角，结构钢工件选取 50°～60°的锲角，铜、铝、锡工件选取 30°～50°的锲角。

錾子前刀面与基准面的夹角称为前角，前角越大，切削越省力。錾子后刀面与切削平面的夹角称为后角，后角越大，切削深度越大，切削越困难；若后角过小，易造成錾子从工件表面滑过。

（3）錾子的刃磨

当錾子在使用中其切削部分磨钝时，需要在砂轮机上进行刃磨，如图 4-2-2 所示。

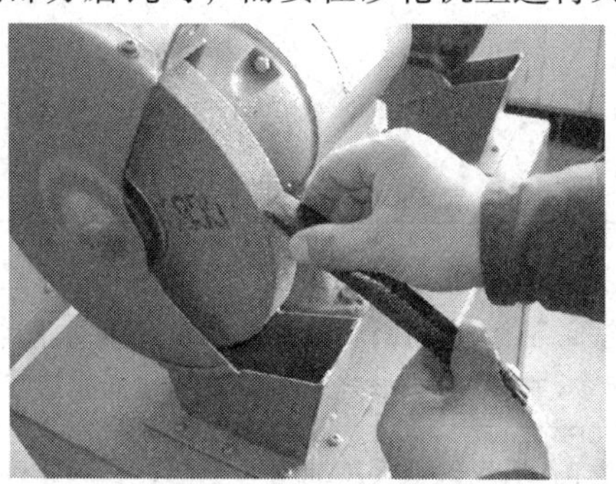

图 4-2-2　錾子的刃磨

刃磨时，必须使切削刃略高于砂轮水平中心线，在砂轮全宽上做左右移动，用力均匀，两刀面交替进行，直至磨出所需的楔角值。

2. 手锤

手锤是钳工常用的敲击工具，如图 4-2-3 所示。手锤的规格以锤头的质量来表示，常用的有 0.25 kg、0.5 kg、1 kg 等。锤头经淬硬处理，木柄用硬而不脆的木材制成，如檀木、胡桃木等，其长度应根据不同规格的锤头选用。

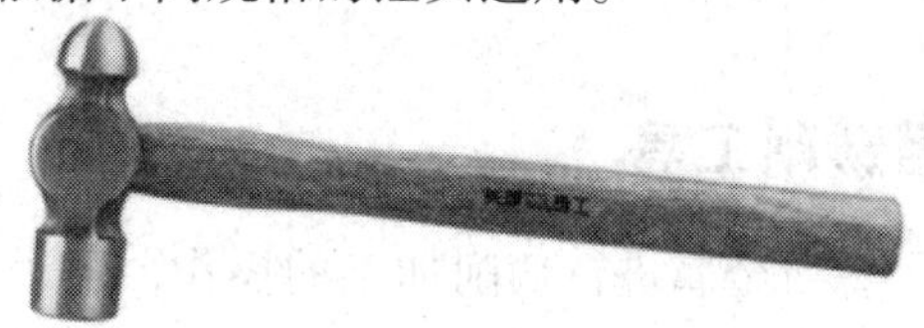

图 4-2-3　手锤

二、錾削基础知识

錾子能切下金属，由两个因素构成：一是錾子切削部位的材料硬度要比被加工材料的硬度大；二是錾子切削部位有合理的几何角度，主要是选择合适的楔角。根据工件材料软硬程度的不同选取不同的楔角：錾削硬材料，楔角要大一些；錾削软材料，楔角要小一些。

錾削可以加工平面、沟槽和錾断板料等，不同的錾削操作有不同的要求。

1. 錾削平面

錾削平面一般用扁錾进行，錾削平面时有起錾、錾削和錾出三个阶段，操作要求见表 4-2-3。

表 4-2-3　錾削平面的操作要求

步骤	操作要求
起錾	从工件边缘尖角处起錾，錾子切削刃贴紧工件錾削划线部位，握平錾子（錾子的前刀面在工件錾削加工一侧，后刀面基本与工件端面垂直），轻击錾子，切入工件
錾削	保持錾子的正确位置和前进方向。控制好后角的大小和锤击力度。锤击数次后停錾，给錾子刃口散热，同时观察錾削情况，若錾削尺寸无误，继续錾削，若发现有偏差，应及时修正
錾出	錾削快结束时，一般距錾削尾部 10 mm 左右，应调头錾去余下部分，以免工件边缘崩裂

2. 錾槽

錾削的錾槽操作，主要是錾油槽和键槽，操作要求见表 4-2-4。

表 4-2-4　錾槽的操作要求

操作类型	操作要求
錾油槽	先在应加工的轴瓦上划出油槽的形状，再根据图纸中油槽断面的形状，对油槽錾的切削刃口进行刃磨，使之符合油槽断面的形状要求，再进行錾削操作
錾键槽	先在需加工键槽的部位划线，再按照键槽的形状，在加工部位一端（或两端）钻孔，完成圆弧形的加工。对尖錾的切削刃口进行刃磨，使之符合键槽加工形状要求，再进行錾削操作

3. 錾断板料

錾断板料时，可在铁砧（或平板）上进行錾削。在板料下垫软铁材料，避免损伤錾子的切削刃。操作时先按划线部位錾出凹痕，再用锤击使板料折断。

任务实施

一、练习使用常用錾削工具

錾削是用手锤敲击錾子，对金属进行切削加工的操作，錾子和手锤的使用是錾削主要的操作技能。

1. 錾子的使用

錾子的握法有正握法、反握法两种，见表4-2-5。

表4-2-5 錾子的握法

握法	图示	说明
正握法	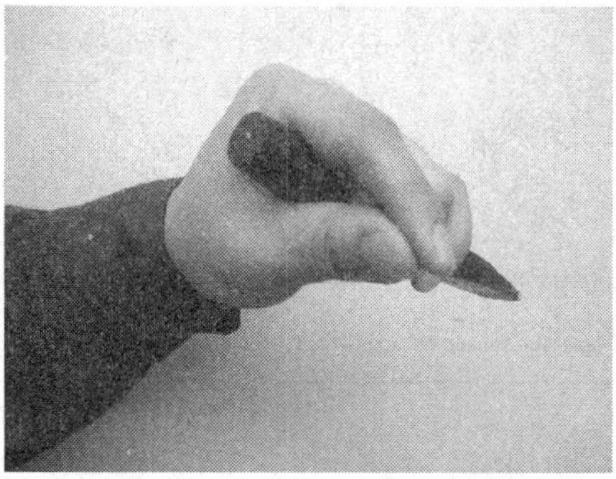	手心向下，腕部伸直，用中指、无名指握住錾子，小指自然合拢，食指和大拇指作自然伸直地松靠，錾子头部伸出约20 mm
反握法	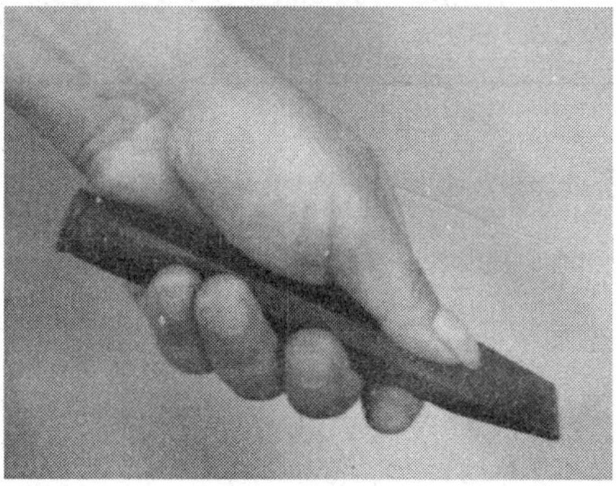	手心向上，大拇指握住扁平处，其余手指自然捏住錾子，手掌悬空

2. 手锤的使用

（1）手锤的握法

手锤的握法有紧握法、松握法两种，见表4-2-6。

表4-2-6 手锤的握法

握法	图示	说明
紧握法	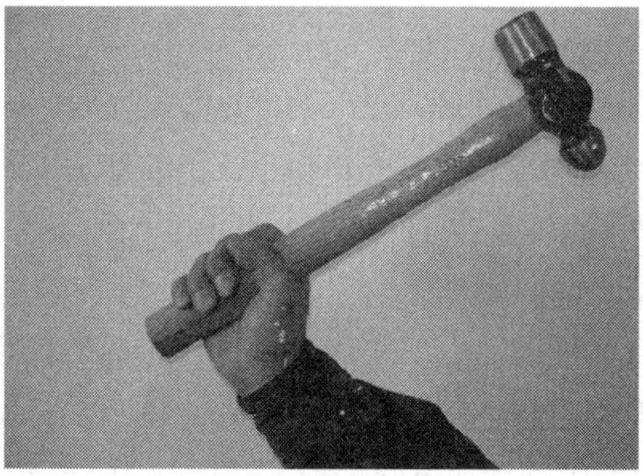	用右手五指紧握锤柄，大拇指合在食指上，虎口对准锤头方向，木柄尾端露出15~30 mm，在挥锤和锤击过程中，五指始终紧握锤柄 紧握法的优点是锤击精准度高

续表

握法	图示	说明
松握法		只用大拇指和食指始终紧握锤柄，在挥锤时，小指、无名指和中指则依次放松；在锤击时，又以相反的次序收拢握紧 松握法的优点是手不易疲劳，锤击力大

（2）挥锤的方法

挥锤有腕挥、肘挥和臂挥三种方法，这三种方法的操作说明见表 4–2–7。

表 4–2–7　挥锤的方法及操作说明

方法	操作说明
腕挥	仅用手腕的动作进行锤击操作，采用紧握法握锤，一般用于余量较小以及起錾或錾出的情况
肘挥	用手腕与肘部一起挥动手锤进行操作，采用松握法握锤，因挥动幅度较大，锤击力也较大，一般操作都是应用肘挥法挥锤
臂挥	手腕、肘部、手臂一起挥动手锤操作，这种方法锤击力最大

操作提示

挥锤操作时锤击要求稳（速度节奏稳定）、准（命中率高）、狠（锤击有力）。挥锤动作要一下一下有节奏，节奏控制一般是肘挥法约 40 次/min，腕挥法约 50 次/min。

二、錾口锤锤头的錾削加工

1. 图样分析

接着上一个任务，在完成划线操作的圆钢上进行錾削加工，通过錾削加工完成锤头原料的初加工。

錾削加工图样如图 4–2–4 所示。

錾削的尺寸公差为 $29.5^{+1.5}_{0}$ mm，即最大极限尺寸为 31.0 mm，最小极限尺寸为 29.5 mm。图中 | ▱ | 0.8 | 是平面度公差要求，代表零件加工表面的平整程度，表示工件上的錾削面必须位于距离等于 0.8 mm 的两理想平行平面之间。图中 | ⊥ | 0.8 | A | 是垂直度公差要求，表示工件上的錾削面必须位于距离为 0.8 mm 且垂直于基准平面（图中的 A）的两个理想平

行平面之间。

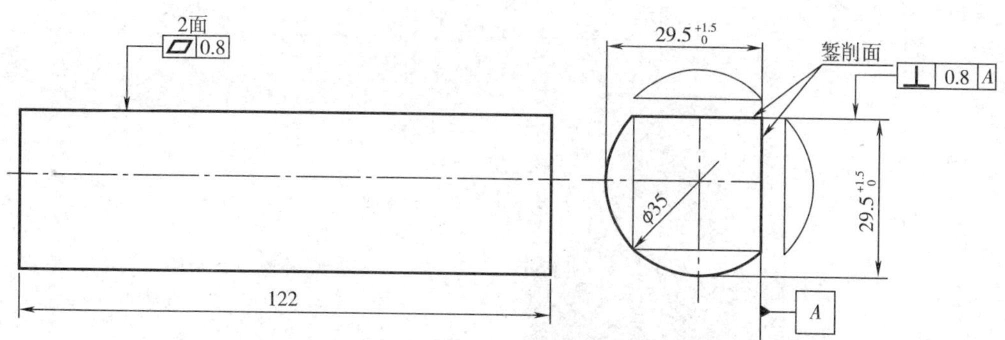

图 4-2-4　錾削加工图样

2. 錾削加工

錾口锤锤头錾削加工的操作步骤见表 4-2-8。

表 4-2-8　錾口锤锤头錾削加工的操作步骤

步骤	图示	说明
装夹工件		按划线位置找正并在台虎钳上夹紧工件
		所划加工面的线条应平行于钳口，錾削面应高于钳口 10~15 mm
		可在工件下面加木衬垫

续表

步骤	图示	说明
正确站位		身体略前倾，左脚踏前半步，膝盖处稍有弯曲，保持自然，右脚要站稳伸直，不要过于用力
起錾	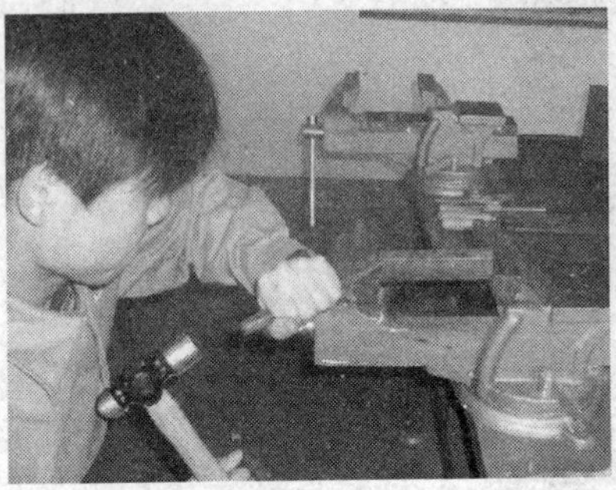	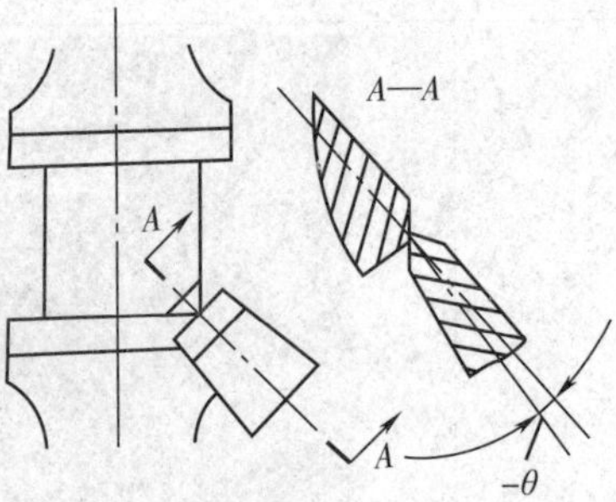 先在工件的边缘尖角处将錾子呈负角放置（$-\theta=3°\sim5°$），錾出一个斜面。然后按正常的錾削角度逐步向中间錾削，平面錾削时常用这种方法
錾削第一个平面		正常錾削时錾子的后角为 5°~8°。开始时錾削量一般为 0.5~1.5 mm。錾削过程中每 2~3 次后将錾子退回一些，观察錾削表面的平整情况，然后再继续錾削

续表

步骤	图示	说明
錾削第一个平面	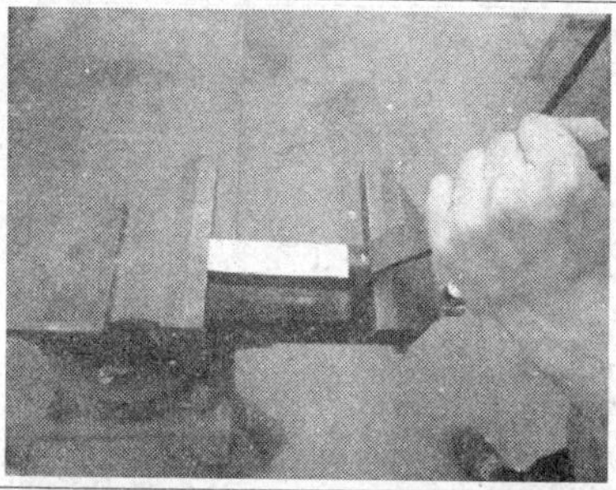	当錾削到接近工件尽头时（一般剩余 10~15 mm），必须调头从尽头一端錾去余下的部分，否则会錾出缺口，造成工件报废
	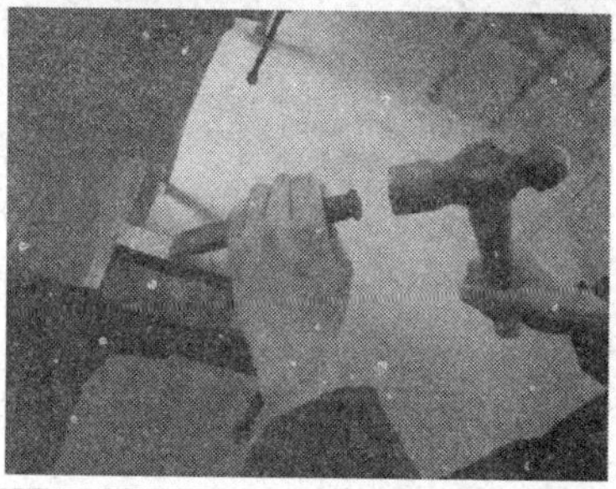	当尺寸錾削到 30 mm 时，每次錾削量应较少，一般不超过 0.5 mm，对錾削面进行修整加工。挥锤方法应采用腕挥，要求錾削痕迹整齐一致
测量		在錾削接近于划线位置时，测量尺寸是否符合公差要求，否则继续加工
	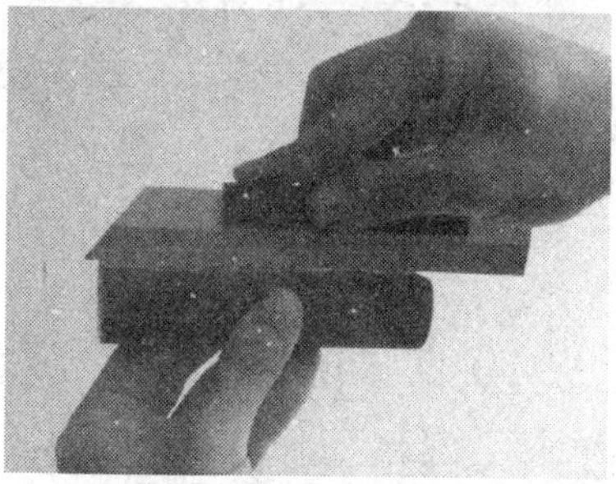	錾削完成后应使用刀口形直尺检测平面度，看透光是否微弱且均匀，否则需要修整
	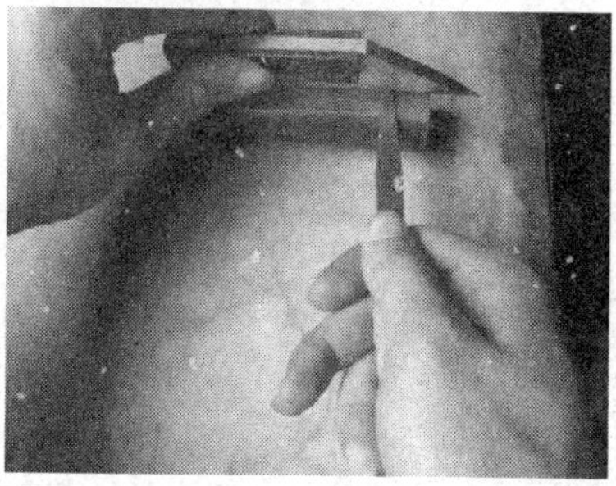	利用 0.8 mm 塞尺检查錾削面是否符合平面度要求，否则需要修整

续表

步骤	图示	说明
錾削第二个平面	方法同第一个平面的加工，加工后需测量尺寸和平面度	
检查垂直度		用 90° 角尺检测该平面与第一个平面的垂直度，若不符合要求则进行修整
錾削完成		完成錾削加工

操作提示

（1）錾子要刃磨锋利，以免錾削时打滑。

（2）要及时磨去錾子头部明显的毛刺。

（3）挥锤时要注意身后，防止伤人。

（4）錾屑要用刷子刷掉，不得用手擦或用嘴吹。

（5）手锤柄要装牢，如有松动现象应立即停止使用。

任务 3　锯　削

学习目标

1. 熟悉手锯的组成、分类和锯条的安装方法。
2. 熟悉锯削的姿势、工艺和锯削方法。
3. 能正确使用锯削工具进行锯削加工。

工作任务

用手锯对材料或工件进行锯断或锯槽等的加工方法，称为锯削。本任务要求学生在錾削完成后的工件上继续进行锯削加工。

完成任务需要准备的实训器材见表 4-3-1。

表 4-3-1　实训器材

项目	内容
锯削	錾削完成的工件
	游标卡尺、刀口形直尺、90°角尺、高度游标卡尺、锯弓、锯条（中齿）等

相关知识

一、手锯

1. 手锯的组成和分类

锯削操作使用的工具是手锯，手锯主要由锯弓和锯条组成，如图 4-3-1 所示。锯弓是用来张紧锯条的，锯条用于完成锯削操作。

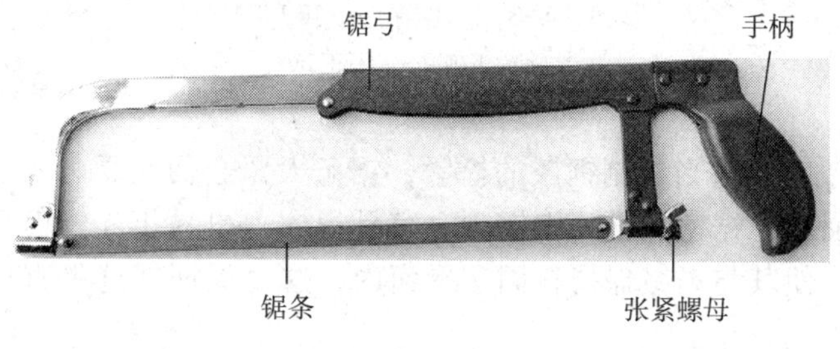

图 4-3-1　手锯

锯条的长度是指两个安装孔中心距的尺寸，钳工锯条常用长度为 300 mm，如图 4-3-2 所示。根据锯条锯齿的牙距大小，将锯条分为粗齿、中齿和细齿三类，针对不同材料的锯削应选用不同的锯条，见表 4-3-2。

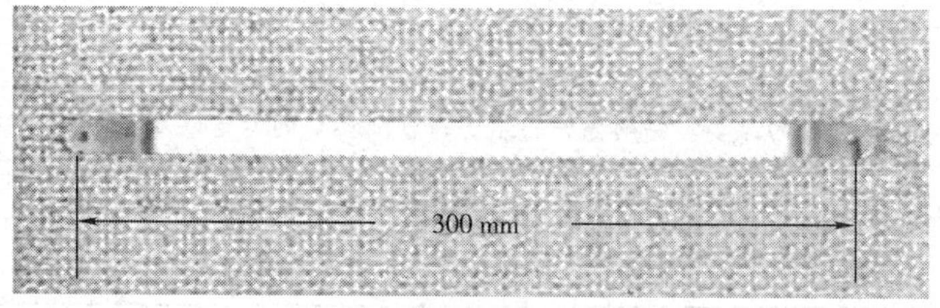

图 4-3-2　钳工锯条常用长度

表 4-3-2　锯条的选取

类型	每 25 mm 长度内的齿数/个	应用
粗齿锯条	14~18	粗齿锯条适用于锯削铜、铝、铸铁、中碳钢和低碳钢等软材料或锯削缝隙、厚度大的材料
中齿锯条	22~24	中齿锯条适用于锯削中等硬度材料、厚壁管子和较厚的型钢
细齿锯条	32	细齿锯条适用于锯削薄壁管子、型钢、薄板料及硬材料

2. 锯条的安装

锯条在使用前需要安装到锯弓上。安装锯条时，先将锯弓前端拉开到适合的位置，然后将锯条上的安装孔套在锯弓的固定销上，旋转翼形张紧螺母收紧锯条。安装时需注意以下两点。

（1）安装好的锯条齿尖的方向应朝前，如图 4-3-3a 所示。因为手锯在向前推进时才起锯削作用。如果装反，则锯削困难，不能进行正常的锯削，如图 4-3-3b 所示。

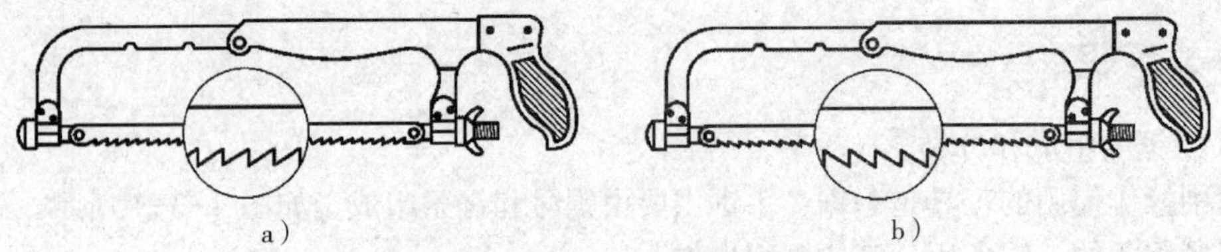

图 4-3-3　锯条的安装方向

a）正确　b）不正确

（2）安装锯条时要适当控制锯条的松紧，锯条太紧会使其受力大，锯割中稍有卡阻而弯折时很容易崩断；锯条太松，则锯割时容易扭曲，也易折断，而且锯缝容易发生歪斜。装好的锯条应使其与锯弓保持在同一平面内，这对保证锯缝平直和防止锯条折断都很有利。

二、锯削的基础知识

1. 锯削姿势

正确的锯削操作可概括为“站、握、推”三个方面，见表 4-3-3。

表 4-3-3　锯削操作

锯削操作	说明
站	站是锯削时的站姿。锯削操作的站姿与錾削操作的站姿基本相同，成前弓步
握	握是手锯的握法。用右手满握手锯手柄，控制锯削操作的推力和压力；左手轻扶在锯弓前端，配合右手扶正手锯

续表

锯削操作	说明
推	推是手锯的推挽。在手锯推进时，身体略向前倾，左手上翘，右手下压；挽回时右手上抬，左手自然跟回。手锯的推挽速度一般控制在40次/min左右，锯削硬材料时速度慢一点，锯削软材料时速度可以稍快一点

锯削操作过程中身体的姿势见表4-3-4。

表4-3-4　锯削操作过程中身体的姿势

阶段	图示	说明
锯削前	 10°	锯削操作前成前弓步站立，身体略前倾约10°的倾角。手握锯子，准备起锯
向前锯削	 15°	开始向前锯削，身体的前倾角度逐渐加大至15°左右
锯削过程	 18°	随着锯子行程的增大，身体倾斜角度也随之增大

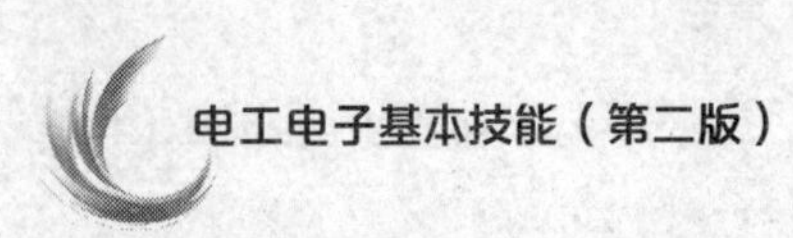

续表

阶段	图示	说明
准备回程		锯子推至锯条长度 3/4 时身体停止活动，锯子准备回程

2. 锯削工艺和锯削方法

（1）夹持

工件一般夹持在台虎钳的左侧，便于锯削操作；工件伸出钳口不应过长，应使锯缝离开钳口侧面约 20 mm，防止工件在锯削操作时产生振动；锯缝线条要与钳口侧面保持平行（使锯缝线与铅垂线方向一致）。

工件夹持要紧固，但也要防止过大的夹紧力使工件变形。

（2）起锯

起锯时，为保证在正确的位置上起锯，可用左手拇指挡住锯条；起锯时加压要小，往复的行程要短，速度要慢，起锯角一般为 15°。

（3）锯削方法

不同形状的材料应采用不同的锯削方法，见表 4-3-5。

表 4-3-5　锯削方法

材料类型	锯削方法
棒料	若锯削的断面要求平整，则应从开始连续锯到结束；若锯削的断面要求不高，则可分几个方向锯下，锯到一定深度后，折断棒料
管料	锯管材前，要划出垂直于轴线的锯削线。锯削时，当锯到管材内壁时应停锯，把管材向推锯方向转过一个角度，并沿原锯缝和锯削线继续锯到管材内壁。这样逐渐改变方向，不断转锯，直到锯断管材
板料	锯削时尽量从宽面上锯削。从狭面锯板料时，应用木块夹持板料，并连木块一起锯下

任务实施

一、图样分析

接着上一个任务，在完成錾削加工的工件上继续进行加工，采用锯削的方法完成剩余两个平面的加工。

锯削加工图样如图 4-3-4 所示。

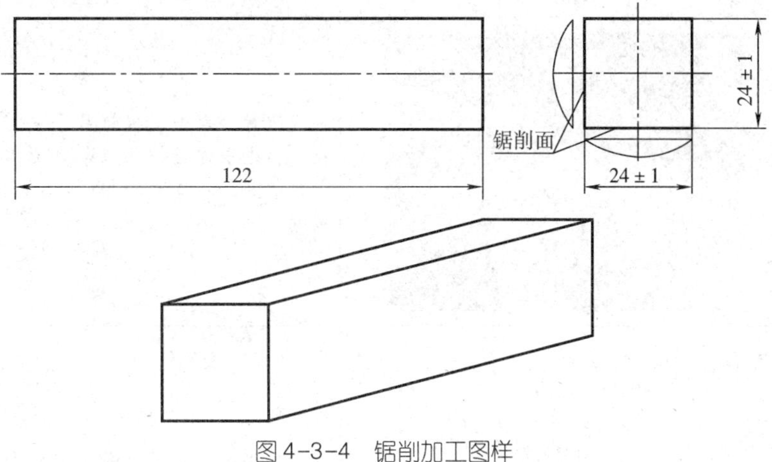

图 4-3-4　锯削加工图样

在錾削后的工件上，根据圆钢上所划的剩余线条，锯割如图 4-3-4 所示的两个锯割面并达到尺寸要求（24±1）mm。

二、锯削加工

锯削加工操作步骤见表 4-3-6。

表 4-3-6　锯削加工操作步骤

步骤	图示	说明
装夹工件		按照夹持工件的工艺要求将工件竖着装夹在台虎钳上
站位		30° 75° 250~300 mm 45° 人站在台虎钳的左斜侧，左脚前跨半步，左膝略有弯曲。右脚在后，站稳、伸直，不要太用力，整个身体保持自然

步骤	图示	说明
起锯		起锯时，右手满握锯弓手柄，大拇指压在食指上，左手拇指挡住锯条，使锯条保持正确的起锯位置，在工件上向远离自己的一端开始锯削
		为了起锯平稳、准确，起锯角 θ 要小，一般宜为 15° 左右
		起锯时施加的压力要小，往复行程要短，速度要慢些。锯到槽深 2~3 mm 且锯条已不会滑出槽外时，左手拇指可离开锯条，扶正锯弓，使锯条逐渐与加工平面平行，锯槽延伸至水平，然后继续正常锯削
锯削		右手满握锯柄，左手轻扶在锯弓前端，身体随着锯弓的前后移动而自然摆动。锯弓推出时为切削行程，要施加压力；返回行程不切削，不要加压力，作自然拉回。工件将断时，压力要小。锯削速度为 40 次/min 左右
锯削收尾		工件快要被锯断时，左手应扶住工件，右手轻施压力，慢速将工件锯断

续表

步骤	图示	说明
尺寸检查		一个平面锯削完成后，利用游标卡尺进行尺寸检查
锯削第二个面	用同样的方法锯削第二个面，方法与以上步骤相同	
锯削完成		完成锯削加工

操作提示

锯削操作中常见的问题及其原因分析如下。

1. 锯缝歪斜

锯条安装得太松或锯条与锯弓平面扭曲；使用锯齿两面磨损不均的锯条；工件夹持歪斜，锯削时未划线找正；锯弓未摆正或用力歪斜。

2. 锯条折断

锯条装得过松或过紧；由于工件未夹紧，锯削时抖动；锯削压力过大；强行纠正歪斜的锯缝；换新锯条后仍在原锯缝中施加大压力锯削；锯削时用力突然偏离锯削方向。

任务4　锉　削

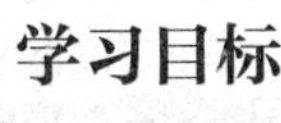

学习目标

1. 熟悉锉刀的分类、选用要求及安装方法。
2. 熟悉锉削的姿势和锉削方法。
3. 能正确使用锉削工具进行锉削加工。

工作任务

锉削是用锉刀对工件表面进行切削加工的方法，一般是在錾削、锯削之后对工件进行的精度较高的加工。本任务要求学生对錾削和锯削后的工件进行锉削加工，以达到图样尺寸和精度要求。

完成任务需要准备的实训器材见表 4-4-1。

表 4-4-1　实训器材

项目	内容
锉削	錾削、锯削完成的工件
	游标卡尺、90°角尺、刀口形直尺、高度游标卡尺、锉刀等

相关知识

一、锉刀

1. 常见的锉刀及分类

锉削操作的工具是锉刀，常用普通锉刀按锉身的长度，分为 100~150 mm、200~300 mm、350~450 mm；按其断面形状不同，分为平锉（又称板锉）、方锉、三角锉、半圆锉和圆锉，见表 4-4-2。

表 4-4-2　锉刀的类型

类型	截面形状	图示
平锉		
方锉	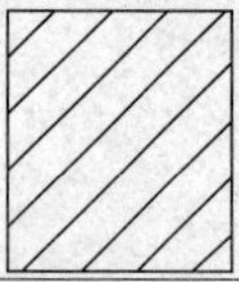	
三角锉		
半圆锉	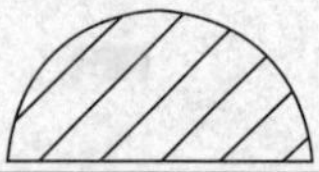	
圆锉	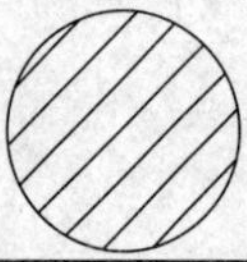	

锉刀的锉纹有单锉纹和双锉纹两种，除锉削软金属用单锉纹，其他都用双锉纹，如图 4-4-1 所示。双锉纹交错形成锉齿，锉齿的粗细分为粗、中、细等，适用于不同的场合。

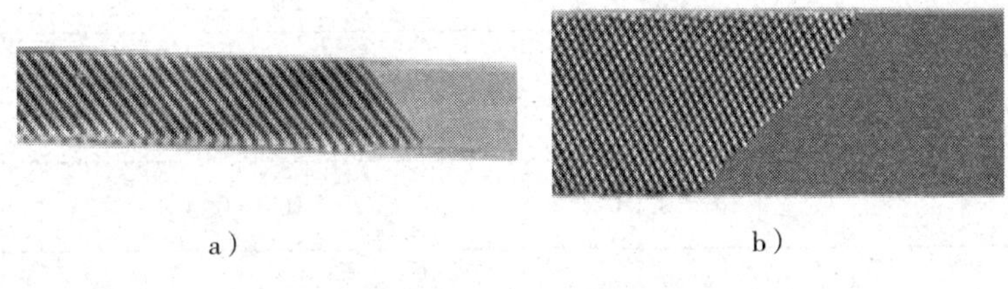

a）　　b）

图 4-4-1　锉刀的锉纹

a）单锉纹　b）双锉纹

2. 锉刀的选择

（1）选择锉刀的形状

锉削加工时，不同的加工表面选择不同断面形状的锉刀，两者要相互匹配。平锉用来锉削平面、外圆面和凸弧面，如图 4-4-2a 所示；方锉用来锉削方孔、长方形孔和窄平面，如图 4-4-2b 所示；三角锉用来锉削内角、三角孔和平面，如图 4-4-2c 所示；圆锉用来锉削圆孔、半径较小的凹弧面和椭圆面，如图 4-4-2d 所示；半圆锉用来锉削凹弧面和平面，如图 4-4-2e 所示。

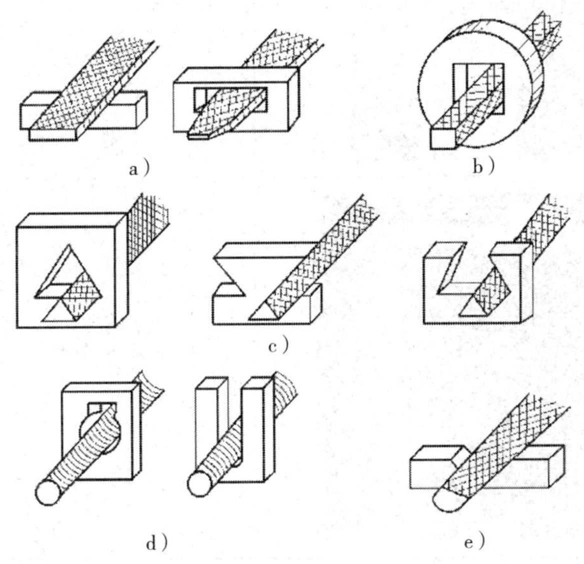

a）　b）　c）　d）　e）

图 4-4-2　锉刀形状的选择

a）平锉的应用　b）方锉的应用　c）三角锉的应用　d）圆锉的应用　e）半圆锉的应用

（2）选择锉刀锉齿的粗细

根据工件锉削加工余量、尺寸精度和表面粗糙度的要求，选择锉刀锉齿的粗细，见表 4-4-3。

表 4-4-3　锉刀锉齿粗细的选择

适用场合			选用锉齿
锉削加工余量/mm	尺寸精度/mm	表面粗糙度 *Ra*/mm	
0.5 以上	0.20~0.50	50~12.5	粗
0.2~0.5 0.05~0.2	0.05~0.20 0.02~0.05	6.3~3.2 3.2~1.6	中
0.05 以下	0.01	0.8~0.4	细

3. 锉刀的安装

锉刀需安装手柄后才可使用，锉刀手柄的安装方法见表 4-4-4。

表 4-4-4　锉刀手柄的安装方法

步骤	图示	说明
1		将锉刀尾部插入手柄的安装孔，利用锉刀自重墩入锉刀手柄
2		用锤子敲击手柄，使锉刀尾部进入手柄并紧固

操作提示

装锉刀手柄时，用力要适当，且手柄上一定要有铁箍，以防木质手柄被锉刀胀裂而报废。

二、锉削基础知识

1. 锉削姿势

锉削加工姿势要注意三个方面：站稳弓步、握平锉刀、动作协调。

(1) 站稳弓步

锉削操作时的站姿与锯削操作的站姿近似。人站在台虎钳左斜侧，身体前倾 10°左右，左脚前跨半步，右脚在后，成前弓步，两脚站位如图 4-4-3 所示。

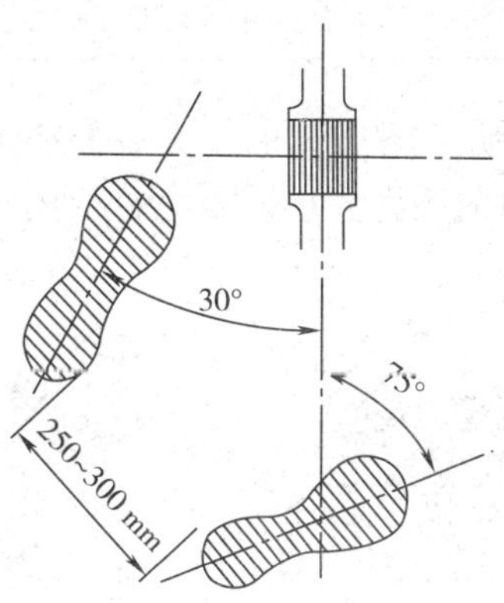

图 4-4-3 锉削时两脚站位

(2) 握平锉刀

使用长度大于 250 mm 的锉刀时，握法如图 4-4-4 所示。右手紧握锉刀柄，柄端抵在大拇指根部的手掌心，大拇指放在锉刀柄的上部，其余手指满握锉刀柄；左手将拇指根部压在锉刀头上，拇指自然伸直，其余手指弯向手心，用中指、无名指握住锉刀前端。

图 4-4-4 长度大于 250 mm 锉刀的握法

(3) 动作协调

要确保每一次锉削操作都能达到预期的工艺标准，就必须使身体各部分协调动作，见表 4-4-5。

表 4-4-5　锉削操作动作协调要求

阶段	动作要求
预备姿势	两手握住锉刀，左臂弯曲，小臂与工件锉削面的左右方向保持平行；右小臂要与工件锉削面的前后方向保持基本平行
锉削行程	身体应与锉刀一起向前运动，右脚伸直并稍向前倾，重心在左脚，左膝自然弯曲；当锉刀锉至3/4行程时，身体停止前进，两臂则继续将锉刀向前锉到头
锉削回程	左脚自然伸直，并随着锉削时的反作用力将身体重心后移，使身体恢复原位，并顺势将锉刀收回。当锉刀收回将近结束时，身体又开始前倾，继续下一次锉削

锉削操作推进锉刀时，两手加在锉刀上的压力应保证锉刀平稳而不上下摆动，这样才能锉出平整的平面。推进锉刀时的推力大小主要由右手控制，而压力的大小则由左手协同右手控制，如图 4-4-5 所示。

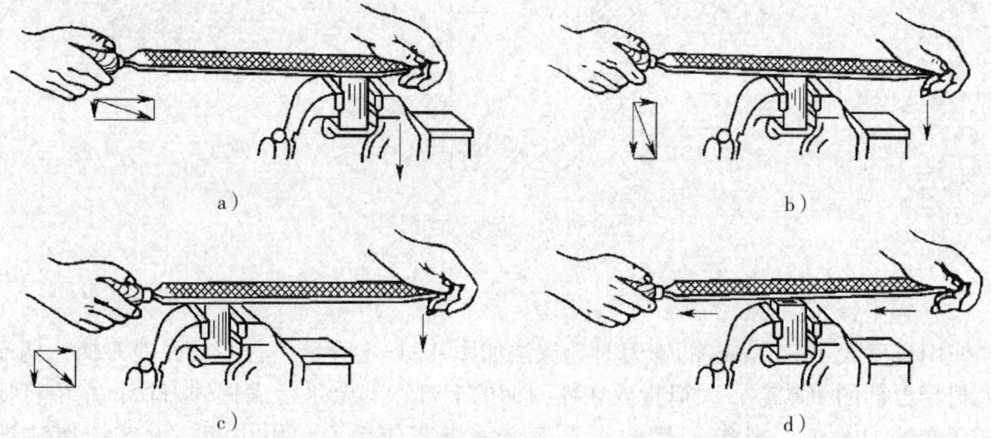

图 4-4-5　锉削操作时锉刀的受力

a）开始锉削　b）锉削过程中　c）接近锉削行程尾部　d）锉削回程

2. 锉削方法

（1）基本锉削方法

常用的锉削方法有顺向锉、交叉锉和推锉三种，见表 4-4-6。

表 4-4-6　常用的锉削方法

方法	图示	说明
顺向锉		顺向锉用于锉削较小平面和最后的精锉锉光处理。工艺特点是锉刀的推锉方向与工件夹持方向保持一致

续表

方法	图示	说明
交叉锉		交叉锉用于锉削的粗加工，但在完成前仍需要改为顺向锉法，以使锉痕平直。工艺特点是按照两个交叉方向对工件进行锉削，锉刀运动方向与工件夹持方向成 50°~60°
推锉		推锉用于锉削加工余量较小的狭长平面。工艺特点是两手对称横握锉刀，用两根大拇指推动锉刀顺着工件的长度方向进行锉削

（2）典型加工面的锉削方法

常见的典型加工面有平面、外圆弧面和内圆弧面，其锉削方法见表 4-4-7。

表 4-4-7　典型加工面的锉削方法

典型加工面	图示	说明
平面		先用交叉锉法粗加工，再用顺向锉法精加工，锉削时要经常用刀口形直尺通过透光法检验平面度 透光法检验时将刀口形直尺垂直放在工件表面，沿纵向、横向和对角线方向逐一检验。若刀口形直尺与工件平面间透光微弱且均匀，说明该平面是平直的；反之，说明该平面是不平直的
外圆弧面		顺着圆弧面锉削时，锉刀要同时完成向前运动和锉刀围绕工件圆弧中心的摆动。这种方法的锉刀位置不容易掌握，锉削效率也不高，但圆弧面光洁、圆滑，适用于精锉圆弧面 横着圆弧面锉削时，锉刀做直线运动，并不随圆弧摆动，把圆弧面锉成非常接近圆弧的多棱面，适用于粗锉圆弧面

续表

典型加工面	图示	说明
内圆弧面	需要加工的圆孔 圆锉 圆锉 圆锉 前进运动　随圆弧做向左或向右的微小移动　绕锉刀中心线转动	内圆弧面的锉削可用圆锉或半圆锉。锉削时，锉刀要同时完成三个运动：前进运动、随圆弧做向左或向右的微小移动和绕锉刀中心线转动

任务实施

一、图样分析

将前面任务中完成粗加工的工件，采用锉削的方法进行表面的精加工，锉削加工图样如图 4-4-6 所示。

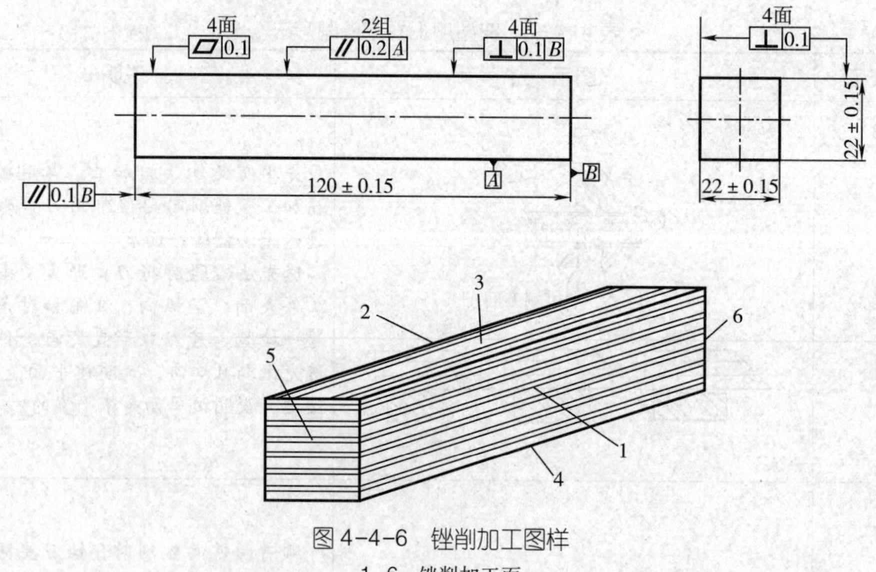

图 4-4-6　锉削加工图样

1~6—锉削加工面

图中 | // | 0.2 | A | 是两个平行平面的平行度公差要求，表示零件上的被测表面必须位于距离为 0.2 mm 且平行于基准平面的两个理想平行平面之间。

二、锉削加工

锉削加工的操作步骤见表 4-4-8。

表 4-4-8　锉削加工的操作步骤

步骤	图示	说明
装夹工件	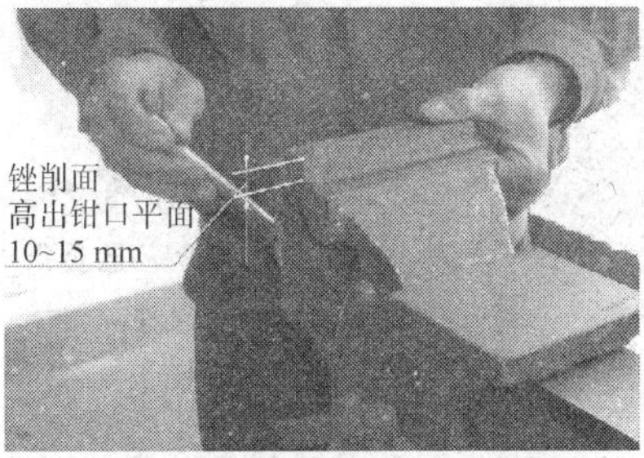 锉削面 高出钳口平面 10~15 mm	将工件装夹在台虎钳钳口宽度的中间位置，锉削面高出钳口平面 10~15 mm，并应处于水平位置
站位		人站在台虎钳的左斜侧，左脚前跨半步，右脚在后，两腿自然站立
粗锉		采用顺向锉法或交叉锉法对工件表面进行粗锉。留 0.3 mm 左右的精锉余量
精锉	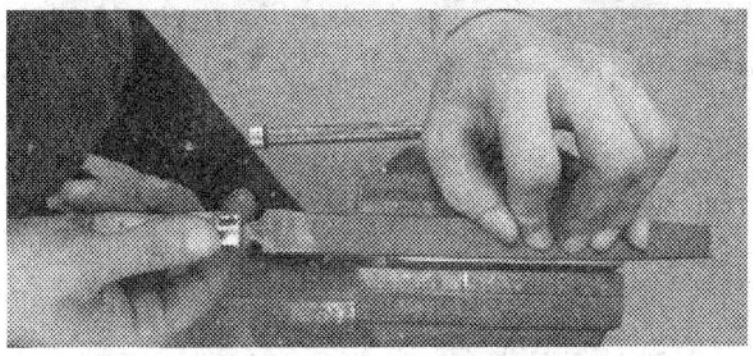	选用细齿锉刀对粗锉后的表面进行修整，以达到图样尺寸公差及表面粗糙度等技术要求
检查平面度	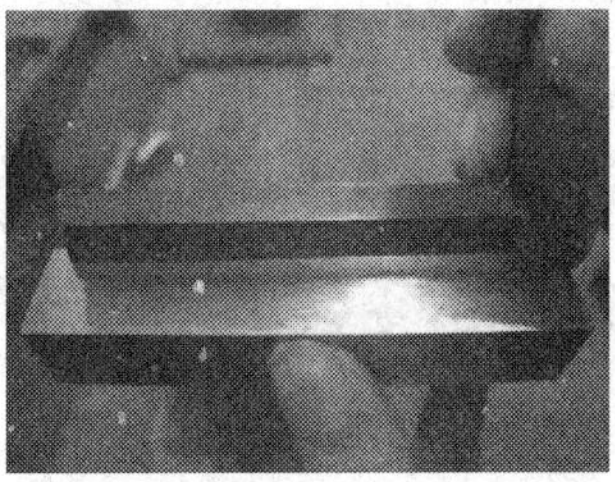	用 90° 角尺进行纵向平面度检查，观察透光是否微弱、均匀

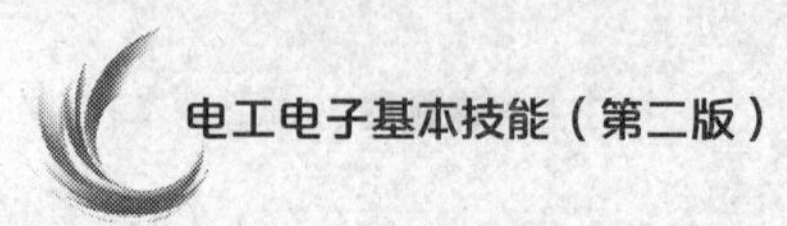

续表

步骤	图示	说明
检查平面度		用 90° 角尺进行横向平面度检查，观察透光是否微弱、均匀
第二个面的加工		
划线		以加工好的第一个面为划线基准，将工件放置于划线平台上，用高度游标卡尺划出相距基准面 22 mm 的第二个面的加工线
锉削加工	用加工第一个面的方法先粗锉，留 0.3 mm 左右的精锉余量，再选用细锉刀精锉表面，以达到图样要求	
检查平面度	采用透光法检查第二个面的平面度（与第一个面的检查方法相同）	
检测平行度		如左图所示，使用游标卡尺两外测量爪，多点测量第二个面与第一个面之间的尺寸，测量得到的最大尺寸与最小尺寸的差值不超过 0.2 mm，即满足 [// 0.2 *A*] 的要求
第三个面的加工（第一个面的相邻面）		
锉削	加工方法和锉削第一个面的过程与方法相同（粗锉、精锉）	
检查平面度	用透光法检查第三个面的平面度（与第一个面的检查方法相同）	
检测垂直度		用左图示方法，使用 90° 角尺多点测量第三个面与第一个面之间的垂直度，测量结果需达到图纸垂直度要求
第四个面的加工：以第三个面为基准，划线、加工、检测方法与第二个面相同		

续表

步骤	图示	说明
第五个面的加工		
锉削		重新装夹工件，进行锉削加工，加工方法和锉削第一个面的过程与方法相同（粗锉、精锉）
检测垂直度		在锉削过程中要经常测量锉削面与第一个面和第二个面的垂直度
第六个面的加工：以第五个面为基准，划线、加工、检测方法同前		
加工完成		完成后的工件

任务 5 孔加工及螺纹加工

学习目标

1. 熟悉孔加工、攻螺纹和套螺纹工具。
2. 掌握孔加工、攻螺纹和套螺纹的操作工艺。
3. 能正确使用孔加工、攻螺纹和套螺纹工具进行孔加工及螺纹加工。

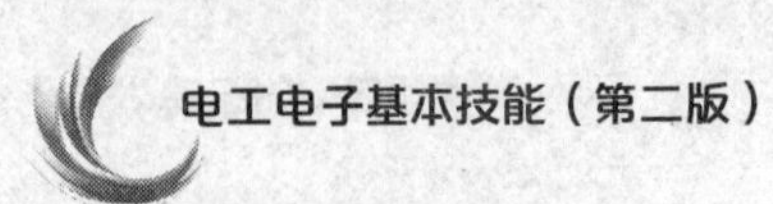

工作任务

本任务要求学生在锉削完成的工件上进行孔加工、内螺纹加工，并完成圆杆上的外螺纹加工。

完成任务需要准备的实训器材见表 4-5-1。

表 4-5-1　实训器材

项目	内容
孔加工及螺纹加工	锉削完成的工件；ϕ12 mm、长度为 250 mm 的圆杆
	钻床、钻头、丝锥、铰杠、圆板牙、板牙架、游标卡尺、90°角尺、锤子、样冲、90°锪孔钻等

相关知识

用钻头在工件上加工出孔的过程称为孔加工（俗称钻孔）。用丝锥在孔中切削出内螺纹的过程称为攻螺纹（也称攻丝）。用板牙在圆杆上切削出外螺纹的过程称为套螺纹（也称套丝）。孔加工、攻螺纹和套螺纹是钳工操作的基本技能。

一、孔加工

1. 孔加工工具

孔加工主要是由钻床来完成的，常见的钻床有台式钻床、立式钻床、摇臂钻床三种，如图 4-5-1 所示。

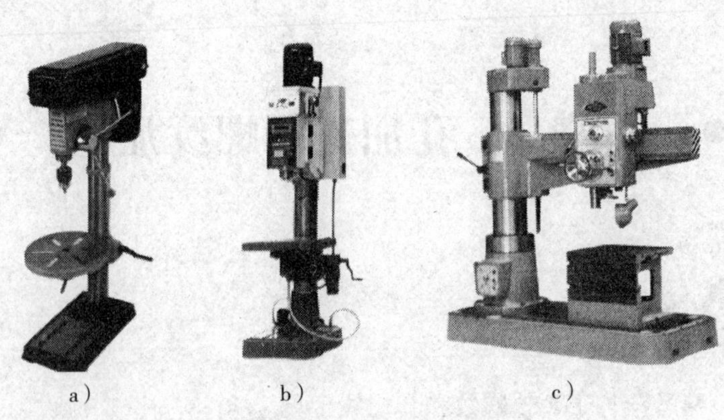

a）　b）　c）

图 4-5-1　常见的钻床

a）台式钻床　b）立式钻床　c）摇臂钻床

钻床使用的钻头一般为麻花钻，头部用来做钻孔加工，柄部用来夹持、定心和传递动力。ϕ13 mm 以下的钻头一般制成直柄式，ϕ13 mm 以上的钻头一般制成锥柄式，如图 4-5-2 所示。

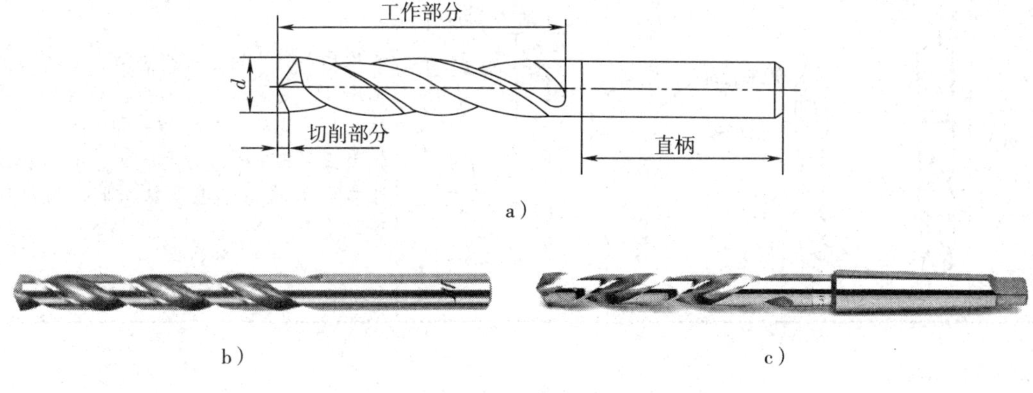

图 4-5-2　麻花钻

a）结构　b）直柄式　c）锥柄式

2. 操作工艺

（1）使用钻床

加工直径小于 12 mm 的孔一般使用台钻。台钻可以调节三挡或五挡速度，变速前需先停机。台钻的主架和工作台之间可以进行上下或左右的调节，调整到所需的位置后，必须把手柄锁紧。钻孔时，主轴做顺时针方向的转动。

台钻的使用注意事项如下。

1）操作台钻时，严禁戴手套或垫棉纱工作，留长发者要戴工作帽；工件、夹具、刀具必须装夹牢固、可靠。

2）钻深孔或在铸件上钻孔时，需要经常退刀，排除切屑；钻通孔时，要在工件的底部垫板，以免钻伤工作台。

（2）更换钻头

常用钻头的更换方法见表 4-5-2。

表 4-5-2　常用钻头的更换方法

类型	图示	说明
直柄式	松	直柄式钻头用钻夹头夹持。安装时先将钻头的柄部塞入钻夹头的三个卡爪内，塞入长度不能小于 15 mm，然后用钻夹头钥匙顺时针旋转外套，夹紧钻头；拆下钻头时，用钻夹头钥匙逆时针旋转、松开卡爪，即可取下钻头

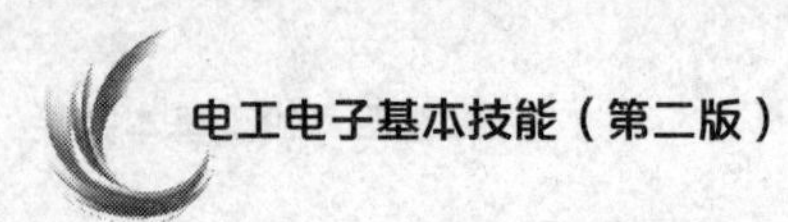

续表

类型	图示	说明
锥柄式	矩形舌部 钻头套 斜铁	锥柄式钻头用钻头套夹持，直接与主轴连接。安装时，必须先擦净主轴上的锥孔，并使钻头套矩形舌部的方向与主轴上腰形孔中心线方向一致，利用加速冲力一次装接；拆下钻头时，用斜铁顶出

（3）钻孔

钻孔的操作工艺见表 4-5-3。

表 4-5-3　钻孔的操作工艺

步骤	工艺说明
试钻	将钻头对准样冲眼中心进行试钻，试钻出来的浅坑应保持在中心位置，如果有偏移，要及时借正
借正	在钻孔的同时用力将工件向偏移的反方向推移，推移时注意观察钻头的位置，当达到孔位要求后停止借正
钻孔	将工件压紧，沿试钻后正确的孔位进行钻孔。钻孔时要经常退钻排屑。孔将钻穿时，减小进给力，避免钻头折断或工件随钻头转动而造成事故
加注切削液	为使钻头散热冷却，提高钻头的耐用度和改善加工孔的表面质量，钻孔时要注意加注切削液

二、攻螺纹

1. 攻螺纹工具

攻螺纹工具包括丝锥和铰杠，如图 4-5-3 所示。

a）　　　　b）

图 4-5-3　丝锥及铰杠

a）丝锥　b）可调式普通铰杠

（1）丝锥

丝锥一般由两支成一套，分为头锥、二锥。两支丝锥的外径、中径和内径均相等，只是切削部分的长短、锥角和锥头牙深不同，见表 4-5-4。

表 4-5-4 头锥与二锥的区别

类型	图示	说明
头锥		头锥切削部分略长，牙浅，以便切入
二锥		二锥切削部分略短，牙深

在攻螺纹加工过程中，先用头锥加工，再用二锥进一步加工。

（2）铰杠

铰杠是用来夹持丝锥进行攻螺纹操作的工具，使用时将丝锥在铰杠夹口中夹持紧固。铰杠的长度应根据丝锥尺寸来选择，见表 4-5-5。

表 4-5-5 铰杠长度的选择

丝锥尺寸	铰杠长度
≤M6	150~200 mm
M8~M10	200~250 mm
M12~M14	250~300 mm
≥M16	400~450 mm

2. 操作工艺

攻螺纹的操作工艺见表 4-5-6。

表 4-5-6 攻螺纹的操作工艺

步骤	工艺说明
孔口倒角	攻螺纹前要划线、钻底孔，底孔孔口要进行倒角处理，以便于丝锥切入。通孔则需在两端都倒角
起攻	用头锥起攻，丝锥与工件垂直，可一手按住铰杠中部，用力加压，另一手配合做顺时针旋转
检查、借正	当丝锥攻入 1~2 圈后，从间隔 90°的两个方向用 90°角尺检查丝锥与工件的垂直度。若不符合要求，借正丝锥位置至符合要求
攻螺纹	攻入 3~4 圈后，不要再在铰杠上加压。两手握稳铰杠，均匀用力旋转铰杠。一般转 1/2~1 圈后，倒转 1/4~1/2 圈，以利于排屑
二攻	更换二锥进行二攻，操作工艺要求同上

操作提示

（1）攻螺纹时，必须先使用头锥起攻，然后用二锥二攻。

（2）攻螺纹中扳动铰杠时，一定要转动平稳，切忌左右晃动，否则容易使螺纹牙型撕裂和螺纹孔扩大或出现锥度。

（3）攻螺纹前可以加注润滑油或浓度较大的乳化液，以减小切削阻力和螺纹表面粗糙度值。

三、套螺纹

1. 套螺纹工具

套螺纹的工具是板牙和板牙架，如图 4-5-4 所示。

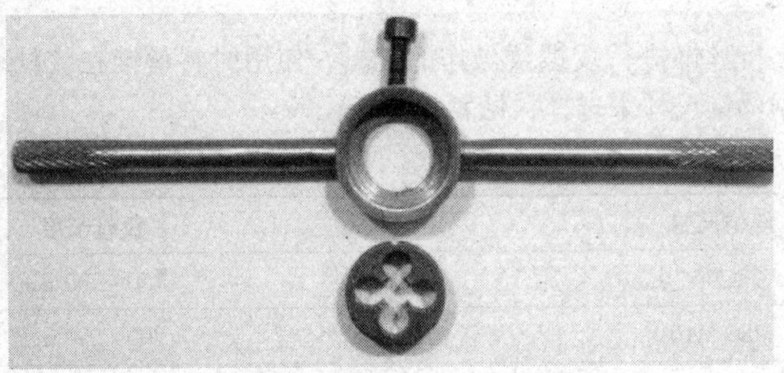

图 4-5-4　板牙和板牙架

（1）板牙

板牙是加工外螺纹的工具。板牙按外形和用途分为圆板牙、方板牙（四方板牙）、六方板牙（六角板牙）、管形板牙等，最常用的是圆板牙。圆板牙就相当于一个具有很高硬度的螺母，螺孔周围制有排屑孔；板牙的两端磨有切削锥，可以两面使用；板牙的中间是校准部分；板牙的外边缘有固定槽，用于将板牙固定在板牙架上。

（2）板牙架

板牙架用于安装板牙。板牙架上装有固定螺钉，用于将板牙固定在板牙架上，避免套螺纹操作时板牙转动。

2. 操作工艺

套螺纹的操作工艺见表 4-5-7。

表 4-5-7　套螺纹的操作工艺

步骤	工艺说明
倒角	套螺纹前将圆柱工件端部倒成 15°~20° 的锥体，且锥体的小端直径略小于螺纹小径，避免切出的螺纹起端出现锋口，否则螺纹起端容易发生卷边而影响螺母的拧入

续表

步骤	工艺说明
起套	工件用台虎钳夹牢固，套螺纹部分尽可能接近钳口。起套时，用一手按住板牙架中部，沿工件的轴向施加压力；另一手配合做顺时针切进，转动要慢，压力要大，并保证板牙端面与工件轴向垂直，否则会出现螺纹一边深一边浅的现象
套螺纹	当板牙旋入 3~4 圈后，不要再施加压力，两手握稳板牙架，顺着旋转方向均匀用力转动，套螺纹过程中注意经常倒转排屑

操作提示

（1）夹持圆柱形工件时一定要紧固，避免套螺纹时工件转动，为防止工件夹持偏重或夹出痕迹，一般用厚铜皮作衬垫，以保证夹紧可靠。

（2）在钢件上套螺纹要加切削液润滑，以保证螺纹质量，延长板牙的使用寿命，使切削省力。

任务实施

一、图样分析

孔加工及螺纹加工图样如图 4-5-5 所示。

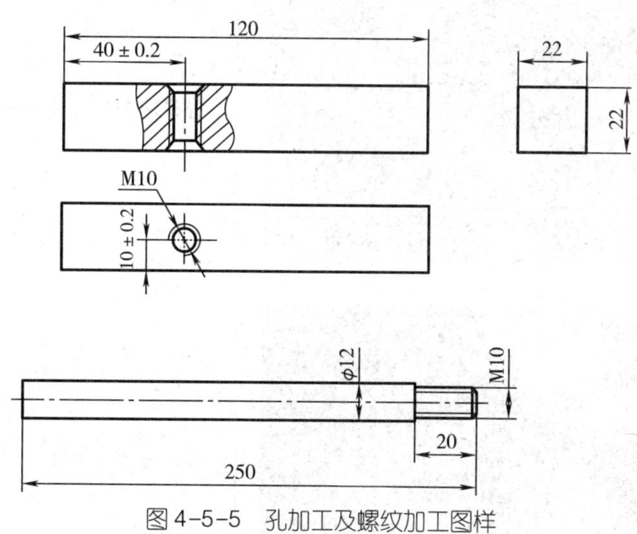

图 4-5-5　孔加工及螺纹加工图样

图中 表示内螺纹、 表示外螺纹，特征代号用“M”表示，M10 表示螺纹的大径为 10 mm，孔口处与杆件端部需做倒角处理。

二、孔加工

孔加工的操作步骤见表 4-5-8。

表 4-5-8　孔加工的操作步骤

步骤	图示	说明
划线	 	按图样要求划出孔的中心线
冲眼		将样冲外倾，使尖端对准十字线正中
		样冲立直，冲点

续表

步骤	图示	说明
冲眼	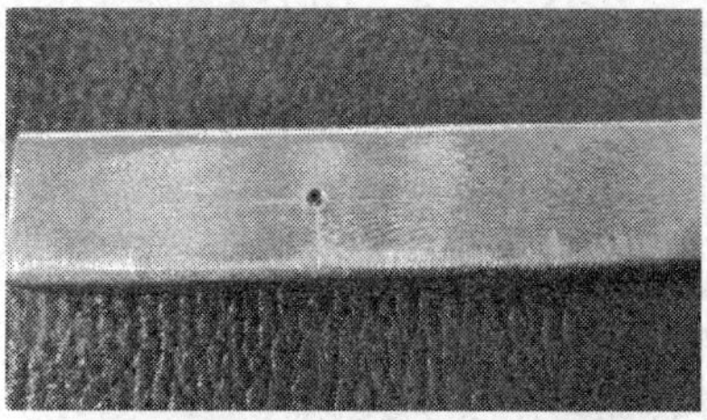	完成后的冲眼
装夹工件		用平口钳装夹工件，然后将平口钳固定在台钻的工作台上，调整好工件的位置
夹装钻头		按照加工孔径的大小，根据钻头选择公式 $d=D-(1.05\sim1.1)P$，P 为螺距，$d\approx$ 8.5 mm，因此选择 ϕ8.5 mm 钻头并装夹在钻夹头上，然后缓缓转动台钻主轴，在确认钻头位置合适之后，再用钻夹头钥匙锁紧钻头
试钻	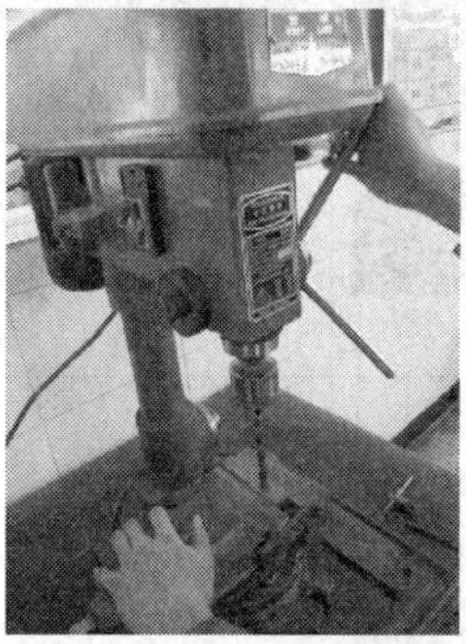	接通电源，扳动进给手柄，钻头下降，对准样冲眼；启动台钻，先钻一个小凹坑，以防钻头偏移
钻孔		按照钻孔的操作工艺要求完成钻孔操作

续表

步骤	图示	说明
倒角	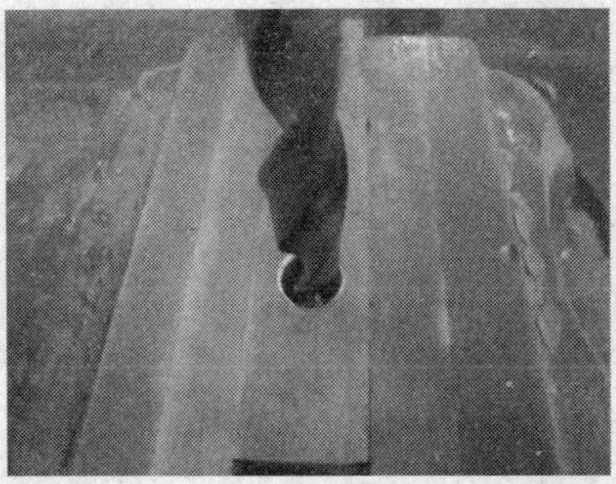	钻孔完成后，使用90°锪孔钻进行孔口倒角

三、攻螺纹

攻螺纹的操作步骤见表4-5-9。

表4-5-9　攻螺纹的操作步骤

步骤	图示	说明
装夹工件		将工件装夹在台虎钳上，装夹工件时，应尽量使其孔中心线置于垂直或水平位置，使攻螺纹时易于判断丝锥是否垂直于工件平面
安装丝锥	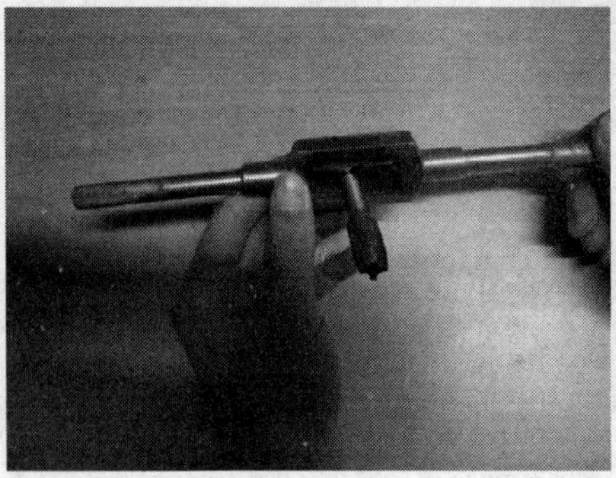	选用M10丝锥，将头锥安装在铰杠中间的铰杠夹口中，并紧固铰杠

续表

步骤	图示	说明
起攻	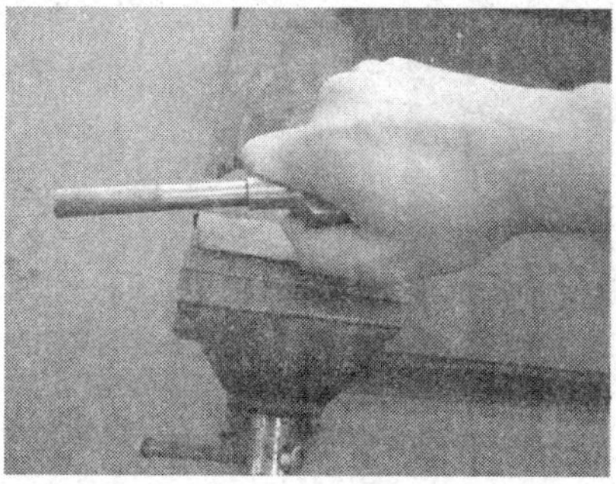	将丝锥导入底孔中，起攻时，要把丝锥放正，右手握住铰杠中部，并适当加压，左手握住铰杠柄部旋转，将丝锥切入孔内1~2圈
检查、借正		将铰杠卸下，用90°角尺检查丝锥与工件表面的垂直度。如发现有偏斜，应在攻螺纹时加以借正，并再做检查
攻螺纹	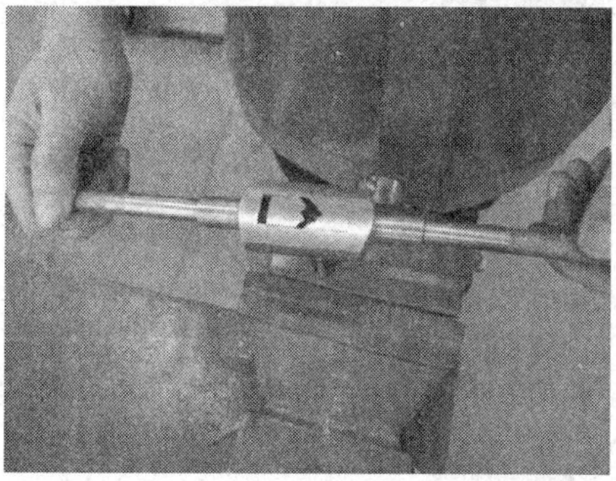	双手扶持铰杠，攻削螺纹。当头锥前端攻入约一半长度后，为避免切屑过长而卡住丝锥，攻螺纹时铰杠每转动1/2~1圈，就应倒转1/2圈，使切屑容易排出
二攻	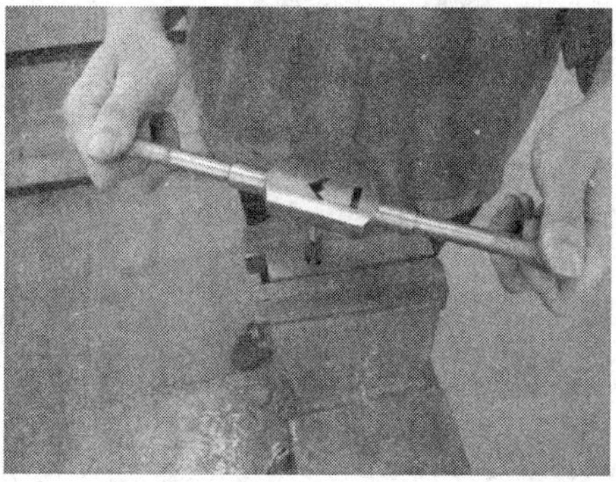	改用二锥再次进行攻螺纹加工，以攻削至标准尺寸及提高螺纹表面的光洁程度

续表

步骤	图示	说明
完成		完成攻螺纹操作后形成的内螺纹

四、套螺纹

套螺纹的操作步骤见表 4-5-10。

表 4-5-10　套螺纹的操作步骤

步骤	图示	说明
准备		套螺纹前，圆杆端部应倒成 15°～20° 的锥角
安装板牙		将板牙安装于板牙架中，将板牙架上的固定螺钉对准板牙安装孔，拧紧螺钉加以固定
套螺纹		为防止圆杆夹持偏重或夹出痕迹，一般用厚铜皮作衬垫，以保证夹紧可靠。圆杆套螺纹部分伸出尽量短，呈铅垂方向放置。起套方法与攻螺纹起攻方法一样。特别注意，在板牙切入圆杆 2～3 圈时，应及时检查其垂直度并做校正
		套螺纹过程中，为了断屑，板牙转动 1 圈左右要倒转 1/2 圈进行排屑

续表

步骤	图示	说明
完成		完成套螺纹操作后形成的外螺纹
配合检查		将外螺纹的圆杆旋入加工完成的内螺纹孔中，如果旋入比较轻松，说明内、外螺纹的加工质量较好

任务 6　錾口锤的制作

学习目标

1. 了解机械装配的基础知识。
2. 了解装配图纸的识读要求。
3. 进一步熟悉划线、錾削、锯削、锉削、孔加工、螺纹加工等钳工基本技能。
4. 完成錾口锤的制作，并达到图样要求。

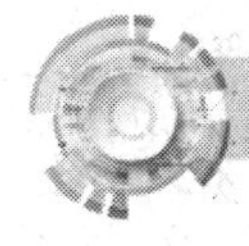

工作任务

本任务要求学生把前面几个钳工基本功训练任务融会贯通起来，将所有钳工基本技能进行综合应用，完成錾口锤的制作。

完成任务需要准备的实训器材见表 4-6-1。

表 4-6-1　实训器材

项目	内容
錾口锤的制作	孔加工、攻螺纹完成的锤头工件；完成套螺纹的锤柄
	划线平台、划针、划规、钢直尺、手锯、平锉刀、圆锉刀、半圆锉刀、90°角尺、高度游标卡尺、游标卡尺、半径规等

相关知识

一、机械装配基础

机械装配是根据规定的技术要求，将零件或部件进行配合和连接，使之成为半成品或成品的过程。机器的装配是机器制造过程中最后一个环节，它包括装配、调整、检验和试验等工作。装配过程使零件、套件、组件和部件间获得一定的相互位置关系，所以装配过程也是一种工艺过程。

1. 技术规范要求

国家标准《工程机械装配通用技术条件》（JB/T 5945—2018）对于各种类型的机械装配都有明确的技术要求，本任务需要学习两个方面的技术要求。

（1）一般要求

1）工程机械产品装配应按照产品图样、工艺要求及有关技术文件进行装配，并符合标准规定。

2）凡待装配的零部件检验合格后方可进行装配。

3）零部件在装配前必须将铁屑、毛刺、油污、泥沙等杂物清除干净，其配合面及摩擦表面不允许锈蚀、有划痕和碰伤。零件的油孔、油槽应清洁、畅通。

4）装配前涂漆的零件或部位，在漆膜干透前不应进行装配。

5）装配过程中的机械加工工序（如钻孔、攻丝等）应符合国家标准的规定。

6）装配过程中，所有零部件不允许有磕碰和划伤。

7）箱体、阀体等零件与其他零件连接处应紧密，装配后不允许加工与内腔相通的孔。

8）零部件装配后，各润滑处应注入适量的润滑油（或脂）。

（2）紧固件的装配

1）螺钉、螺栓和螺母紧固时严禁打击或使用不合适的旋具和扳手。紧固后螺钉槽、螺母和螺钉、螺栓头部不应有损坏。

2）螺钉、螺栓和螺母拧紧后，其支承面应与被紧固零件贴合。

3）图样或工艺文件中有注明拧紧力矩要求的紧固件，应紧固到规定的拧紧力矩；未注明拧紧力矩要求的紧固件，其拧紧力矩根据紧固件直径大小符合标准要求。

4）同一零件用多颗螺钉（螺栓）紧固时，各螺钉（螺栓）应遵循交叉、对称的原则，按一定的顺序分2~3次拧紧。长方形布置的成组螺栓或螺母，拧紧时从中间开始，逐渐向两边对称地扩展；圆形或方形布置的成组螺栓或螺母，应对称拧紧；有定位销的螺钉（螺栓），应从靠近定位销的螺钉（螺栓）开始拧紧。

5）各种止动垫圈在螺母拧紧后，应随即弯转舌耳。螺栓头部防松铁丝应按螺纹旋向穿装缠牢。用双螺母且不使用螺纹锁固剂防松时，应先装薄螺母，用80%左右的拧紧力矩拧紧后，再用100%的拧紧力矩拧紧厚螺母。

6）装配的紧固件性能等级应符合图样及技术文件的规定，不允许用低性能紧固件替代高性能紧固件。用高性能紧固件替代低性能紧固件时，应符合连接副的要求。

2. 装配工艺要求

常用的装配工艺有清洗、平衡、刮削、螺纹连接、胶接、校正等，见表4-6-2。此外，还可应用其他装配工艺，如焊接、铆接、压圈和浇铸连接等，以满足各种不同产品结构的需要。

表4-6-2　装配工艺

名称	说明
清洗	应用清洗液和清洗设备对装配前的零件进行清洗，去除表面残存油污，使零件达到规定的清洁度 常用的清洗方法有浸洗、喷洗、气相清洗和超声波清洗等
平衡	对旋转零部件应用平衡试验机或平衡试验装置进行静平衡或动平衡试验，测量出不平衡量的大小和相位，用去重、加重或调整零件位置的方法，使之达到规定的平衡精度
刮削	在装配前对配合零件的主要配合面进行刮削加工，以保证较高的配合精度。部分刮削工艺已逐渐被精磨和精刨等代替
螺纹连接	用扳手或电动、气动、液压等工具紧固各种螺纹连接件，以达到一定的紧固力矩
胶接	应用工程胶黏剂和胶接工艺连接金属零件或非金属零件，操作简便，且易于机械化
校正	装配过程中使用测量工具测量出零部件间各种配合面的形状精度（如直线度和平面度等）、零部件间的位置精度（如垂直度、平行度、同轴度和对称度等），并通过调整、修配等方法达到规定的装配精度 校正是保证装配质量的重要环节

3. 装配步骤

机械装配一般包含准备、装配、检查、调试四个步骤，见表4-6-3。

表4-6-3　装配步骤

步骤	说明
准备	研究和熟悉装配图的技术要求，了解产品的结构、各零件的作用及相互的连接关系。确定装配的方法、工序和所需的工具。清洁装配的零件和工作环境，不能有油污、铁屑等杂物，并应倒去棱边和毛刺
装配	采用不同的装配方法，按照技术要求和装配规范进行产品零件的装配
检查	每完成一个部件的装配都要按照图样和技术要求对以下环节进行检查：装配是否完整，有无漏装零件；零件安装位置是否准确；各连接部分是否可靠，紧固件是否达到装配要求；活动件是否运动灵活。如发现装配问题应及时分析处理 总装完成后主要检查各装配部件之间的连接，清理装配中产生的铁屑、杂物、灰尘等，确保各传动部件间没有障碍物。做好试运动准备
调试	检查无误后开始试运动，试运动时注意观察运动速度、运动平稳性、传动轴运动情况等主要工作参数。如发现问题立即停止，分析并排除故障后继续调试，直至正常运动

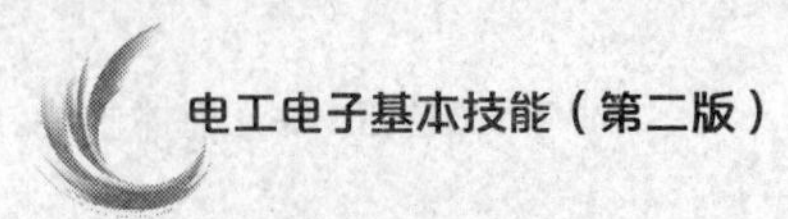

二、装配图纸识读

完整的装配图纸应包含视图、尺寸数据、零件序号和明细、技术要求等，见表4-6-4。

表4-6-4　装配图纸识读

名称	说明
视图	基本视图一共有三个，分别是主视图、俯视图和左视图。此外还有仰视图、右视图、后视图、剖视图等，从不同的视角表示出零件的外形和结构
尺寸数据	视图中的图形只能表达零件的结构形状，零件的真实大小应以图样上所标注的尺寸为依据。通过尺寸数据可以了解零件各部位的外形尺寸、装配时的配合尺寸等
零件序号和明细	多个零件装配时对于不同零件的区别和各零件的具体说明
技术要求	零件加工、装配过程中的具体技术要求

装配图纸的识读过程：

首先通过视图了解零件的外形和结构，然后通过识读尺寸数据了解零件的外形尺寸和装配配合尺寸，再通过零件序号和明细熟悉装配零件的数量及配合关系，最后通过技术要求熟悉装配过程中的技术规范和注意事项。

任务实施

本任务是完成錾口锤的加工和装配，操作内容是对前面任务完成的錾口锤进行再次加工，加工出锤头和錾身，并与锤柄完成螺纹配合装配。

一、图样分析

錾口锤由锤头和錾身组成，錾口锤錾身的錾口部分作 *R*2.5 mm 倒圆处理，錾身处由 *R*12 mm 圆弧与斜面过渡，要求连接部分光滑，锤头部分作 *SR*50 mm 倒圆处理。加工图样如图 4-6-1 所示。

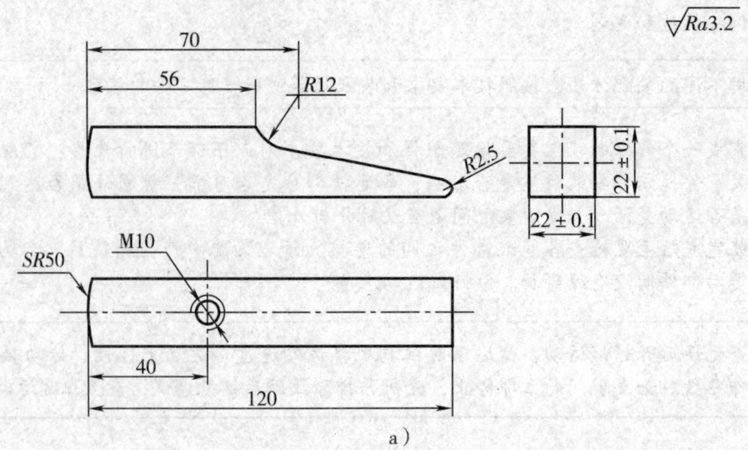

a）

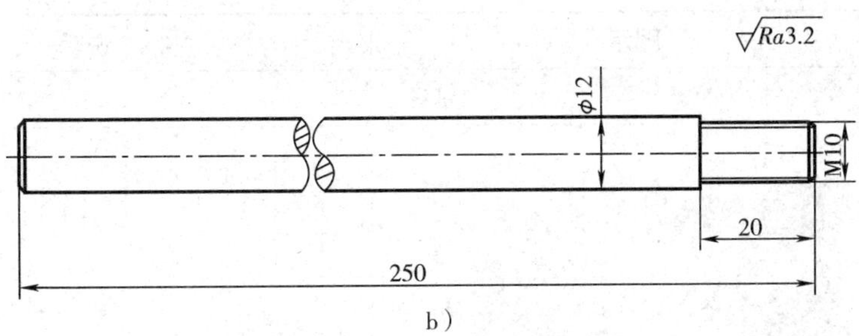

b）

图 4-6-1 錾口锤加工图样

a）锤头 b）锤柄

錾口锤与锤柄的螺纹配合如图 4-6-2 所示。

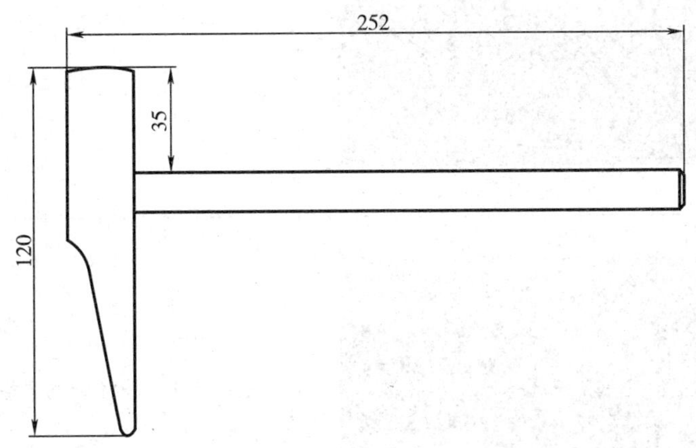

图 4-6-2 錾口锤与锤柄的螺纹配合

二、制作錾口锤

錾口锤的制作步骤见表 4-6-5。

表 4-6-5 錾口锤的制作步骤

步骤	图示	说明
检查材料		检查前期准备的錾口锤材料，用游标卡尺检查工件尺寸（22 mm×22 mm×120 mm）

续表

步骤	图示	说明
划线		
划端点		为了划线清晰，可在工件表面着色（如涂蓝油、硫酸铜溶液等） 将高度游标卡尺调整为 58 mm，划出圆弧的一个端点
划 $R12$ mm 圆弧		使用划规，并将划规调整为 12 mm
		由于 $R12$ mm 圆弧的圆心在工件外侧，需要使用一块靠铁来辅助划线，靠铁与工件等厚且端点与工件对齐。以端点为圆心划弧 划线过程中不得随意移动工件和靠铁的位置

续表

<table>
<tr><th>步骤</th><th>图示</th><th>说明</th></tr>
<tr><td rowspan="3">划 R12 mm 圆弧</td><td>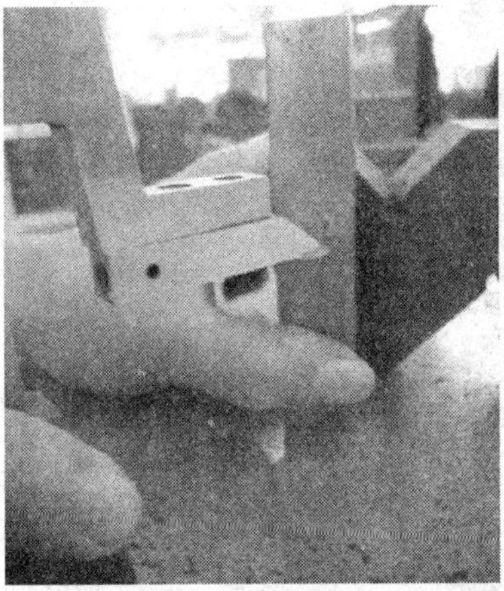</td><td>将高度游标卡尺调整为 70 mm，在靠铁上划出相应位置</td></tr>
<tr><td>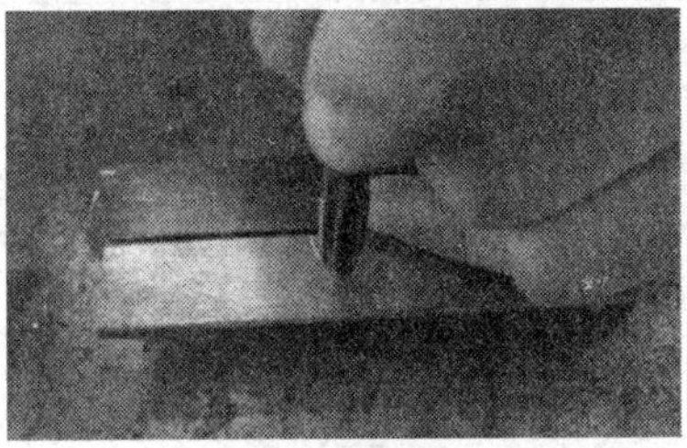</td><td>冲点标记</td></tr>
<tr><td>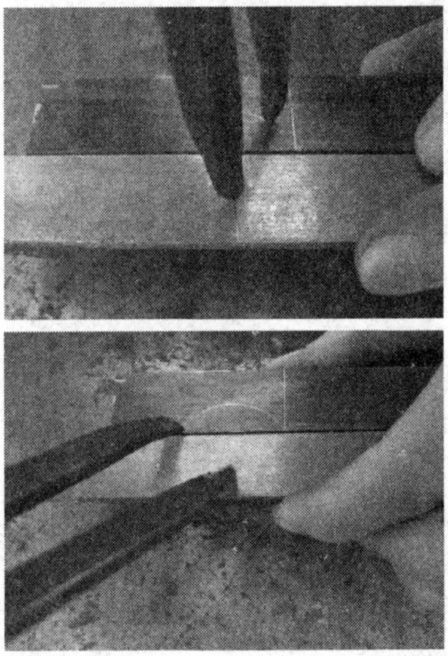</td><td>将靠铁与工件仍保持底端对齐，以冲点为圆心，划出工件 R12 mm 圆弧加工线</td></tr>
</table>

续表

步骤	图示	说明
划 *R*2.5 mm 倒圆线	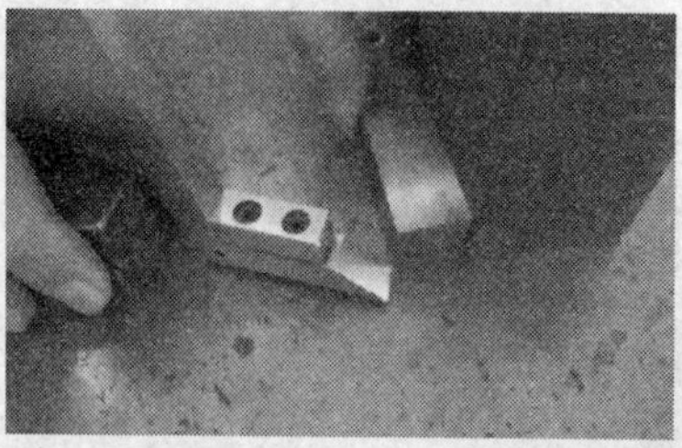	由于錾口部分需要倒 *R*2.5 mm 圆角，在工件顶端划出 5 mm 连接点
	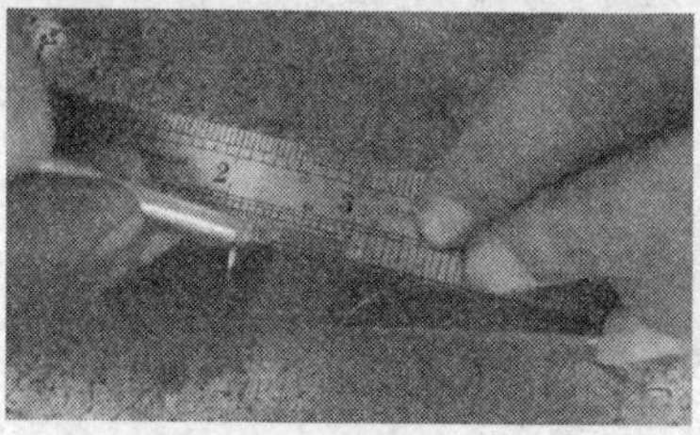	用划针和钢直尺划出 *R*2.5 mm 圆弧与 *R*12 mm 圆弧的切线
划线完成		划线完成后的工件
锯削		
装夹工件		将工件装夹在台虎钳上，用手锯按划线轮廓锯去錾口部分斜面多余的材料
分段锯削	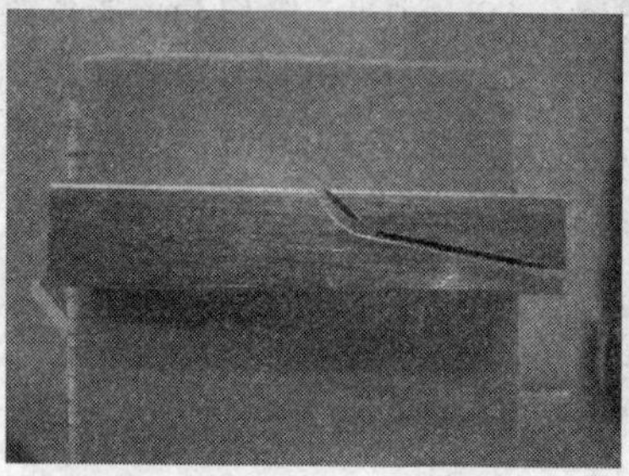	由于圆弧部分无法一次完成锯削，所以将工件分两次进行锯削

续表

步骤	图示	说明
锯削完成		锯削完成的工件
锉削		
锉削 R12 mm 圆弧	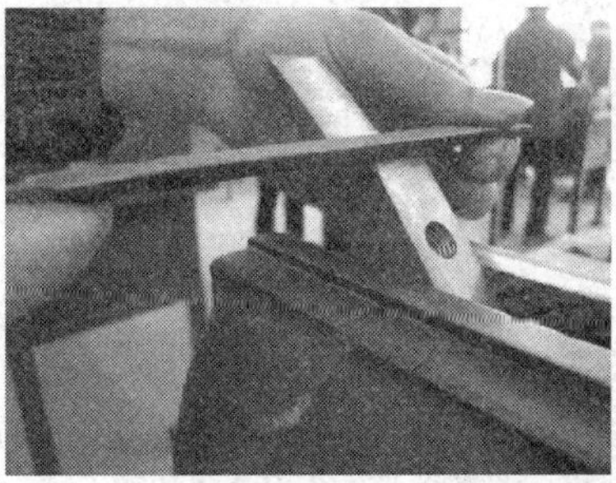	将工件装夹在台虎钳上，用半圆锉粗锉 R12 mm 内圆弧面至划线线条（留 0.3 mm 的精锉余量）
锉削錾口斜面	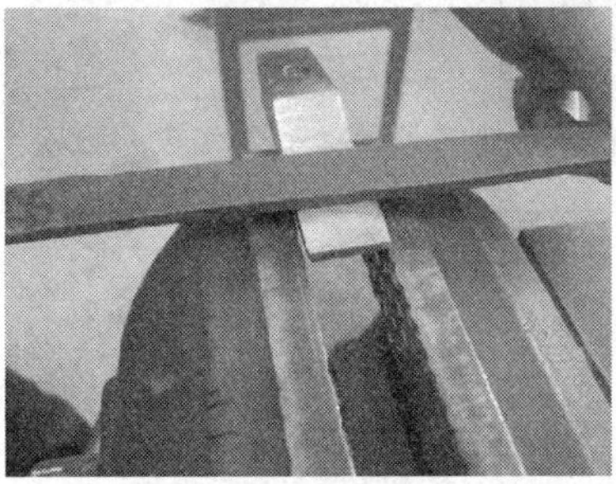	用平锉粗锉斜面至划线线条（留 0.3 mm 的精锉余量）
锉削圆弧与斜面交接部分	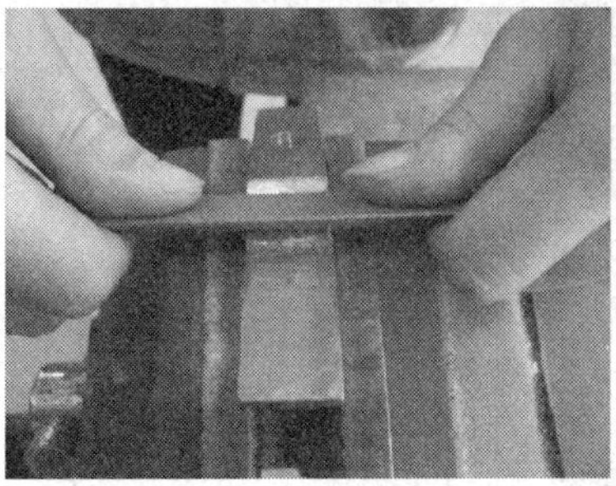	用平锉粗锉圆弧与斜面交接部分至划线线条（留 0.3 mm 的精锉余量）
精锉	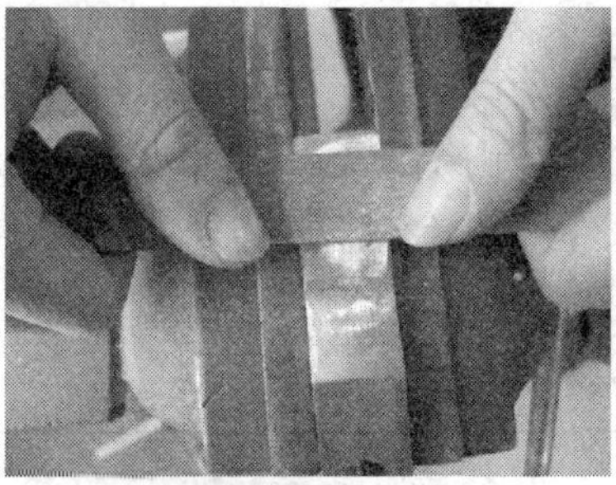	用平锉精锉及半圆锉做推锉修整，使各面连接圆滑、光洁，纹理齐整

续表

步骤	图示	说明
*R*12 mm 圆弧测量		在锉削过程中经常使用半径规 *R*12 mm 凸板测量圆弧度，发现偏差及时修正，确保圆弧度符合要求
锉削锤头 *SR*50 mm 圆弧	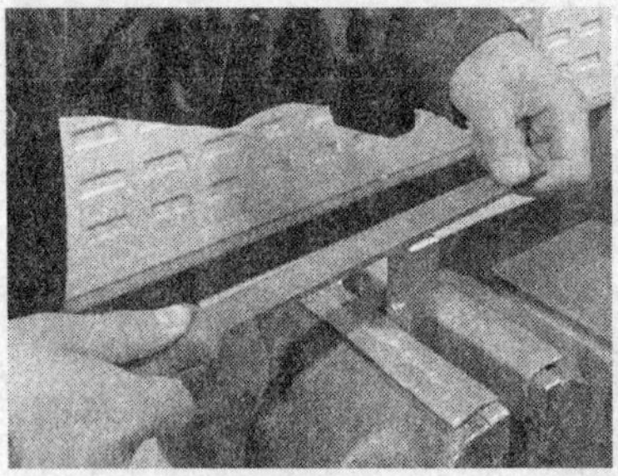	用平锉按照图样要求加工锤头 *SR*50 mm 圆弧部分，使各面连接圆滑、光洁，纹理齐整
锤头圆弧度检查		使用半径规 *R*50 mm 凹板测量锤头圆弧度是否符合要求
锉削錾口 *R*2.5 mm 圆弧		用平锉按照图样要求加工錾口 *R*2.5 mm 圆弧部分，使各面连接圆滑、光洁，纹理齐整

续表

步骤	图示	说明
錾口圆弧度检查		使用半径规 $R2.5$ mm 凹板测量圆弧度是否符合要求
锉削完成		完成锉削的工件
装配		
装配		按照螺纹配合将锤头与锤柄完成装配